TURING 图灵原创

陈云飞（@花生）◎著

一本书玩转 DeepSeek

人民邮电出版社
北京

图书在版编目（CIP）数据

一本书玩转DeepSeek / 陈云飞著. -- 北京 : 人民邮电出版社, 2025. -- (图灵原创). -- ISBN 978-7-115-66715-1

Ⅰ. TP18

中国国家版本馆CIP数据核字第2025M2V113号

内 容 提 要

本书超越了简单的AI工具使用教程，书中分为三大部分，逐步引导读者从理解AI的核心概念，到掌握高效使用AI的方法，最终探索AI的进阶应用。第一部分探讨了DeepSeek为何被视为“AI时刻”，分析了它与OpenAI、Anthropic等的不同之处，解析了AI的思考方式，还讨论了AI是否真正理解人类需求。第二部分介绍了如何高效使用DeepSeek。首先，详细解析了DeepSeek R1的核心能力、提示词技巧，以及如何让DeepSeek成为工作搭档，应用于营销、写作等场景。接着探讨了DeepSeek如何辅助学习，涵盖阅读、写文章等方面。第三部分则聚焦于AI的进阶玩法，例如结合Kimi、Xmind、剪映等工具，实现PPT创作、思维导图生成、短视频制作等高级应用；同时还介绍了如何在本地部署DeepSeek，并调用其API实现自动化工作。通过这三部分内容，本书不仅帮助读者掌握AI的使用技巧，更深入探讨了AI的思维方式及其与人类协作的潜力，致力于让AI成为个人能力的放大器。

本书适合所有对AI感兴趣并希望将其应用于生活和工作中的人阅读。

◆ 著　　　　陈云飞（@花生）
责任编辑　王军花
责任印制　胡　南

◆ 人民邮电出版社出版发行　　北京市丰台区成寿寺路11号
邮编　100164　　电子邮件　315@ptpress.com.cn
网址　https://www.ptpress.com.cn
固安县铭成印刷有限公司印刷

◆ 开本：880×1230　1/32
印张：6.625　　　　2025年3月第1版
字数：160千字　　　2025年5月河北第3次印刷

定价：59.80元

读者服务热线：(010)84084456-6009　印装质量热线：(010)81055316
反盗版热线：(010)81055315

前言

2025 年 1 月 20 日，DeepSeek R1 发布。

短短几周内，它的 API 已经嵌入全球主流云厂商，用户数破亿，增长速度超越了 ChatGPT。这一迅猛发展不仅导致 NVIDIA 股价大幅下挫，还引发了硅谷投资者的广泛震惊，并促使美国政府重新审视 AI 产业的整体格局。

这不是一款普通的 AI 产品，而是一个真正意义上的“AI 时刻”。

当 ChatGPT 横空出世时，我们以为 AI 已经足够强大，但 DeepSeek 让我们意识到，AI 其实可以更便宜、更开放、更强大，甚至引发一场基础设施革命。

它的影响远超 AI 圈，甚至波及整个社会结构。

- 许多人在 AI 的帮助下提升了生产力，收入翻倍，开启了职业生涯的全新篇章。
- 也有人因此感受到前所未有的焦虑，害怕自己被淘汰，担心这场变革自己无法跟上。

- 还有人试图回避这场浪潮，却发现 AI 已经无处不在，无论是工作还是学习，甚至是娱乐方式，都在悄悄发生变化。

作为 AI 时代的受益者，我既亲眼见证了它带来的巨大机会，也感受到了身边人的恐慌与迷茫。

我相信，每个人都有必要学习 AI，但问题是，该从何学起?

这本书，就是为了解决这个问题。

作者是谁?

我将自己视为这波 AI 浪潮中受益的幸运儿，在 2022 年 11 月 30 日 ChatGPT 发布之后，还在互联网大厂上班的我就开始尝试使用了。当时印象很深刻的一个场景是，我们正在策划一个产品的营销活动方案，我向 ChatGPT 详细描述了当前的市场竞争环境，并明确了我们的目标。令人惊叹的是，ChatGPT 在几分钟内生成的内容，竟跟我们团队四五个人花费 2 小时讨论得出的营销方案非常接近。虽然结果不能 100% 直接应用，但是这个过程中提供的启发十足，我非常震撼。

于是，带着未来 10 年的工作将和 AI 有关的预期，我从大厂“裸辞”，开始了一段完全不同的生活。

那时候，我对 AI 充满兴趣，但和大多数人一样，不会写代码，不懂模型训练，也不知道如何真正利用 AI 赚钱。

但我做了一件简单的事情：**开始尝试。**

最初，我在社交媒体上分享自己的 AI 学习笔记，整理 ChatGPT 使用技巧，试图通过不断学习和分享的方式去摸索 AI 时代的独立创造模式。

我先是在自媒体渠道和企业培训领域获得了许多正反馈，我经营的 B 站“AI 进化论－花生”已经有 12 万＋的粉丝数，小红书“花椒”有 4 万＋的粉丝数。

然后，更超出预期的是，借助 AI 赋予的能力，从没写过代码、毫无开发经验的我，去年在 AI 编程工具的帮助下，竟然成功开发出了 iOS 应用“小猫补光灯 Pro”，并意外登顶中国区 App Store 付费总榜。在 AI 时代到来之前，我从未想过这会是一件跟我有关的事，这是一个个体就能做到的事。

但 AI 让一切变得不同。

它降低了门槛，让我这样一个“**不会代码的产品人**”也能独立创造产品、验证需求，并在 AI 时代找到属于自己的增长路径。

这两年，我尝试过不同的 AI 工具，参与过 AI 时代的各种实践，从用 AI 辅助写作、编程、营销，到做 AI 产品、开设教程、帮助他人理解 AI。我深刻感受到 AI 对个体创造力的释放，也见证了 AI 在各个行业带来的剧烈变化。

更重要的是，我发现，AI 时代，不只是少数技术精英的时代，它是属于所有人的时代。

但大多数人依然对 AI 充满疑惑：

- “AI 真的会替代我们吗？”

- “我不会编程，能用 AI 做什么？”
- “AI 发展这么快，我该怎么学习？”

这些问题，不只是你的困惑，也是我写这本书的理由。

我不是 AI 科学家，也不是技术精英，我只是 AI 时代的一个学习者、实践者。正因如此，我知道普通人真正需要的是什么。

你不需要成为 AI 专家，也不需要掌握复杂的技术，只要学会正确的方法，AI 就能成为你的工作助手、学习伙伴，甚至是你创造新机会的跳板。

我写这本书，只是想告诉你：AI 时代，你完全可以站在浪潮之上，而不是被潮水冲走。

本书写给谁？

首先，本书是写给普通人的。

你不需要有编程背景，不需要懂 AI 算法，也不需要是科技圈的从业者。只要你愿意花一点儿时间，按照书中的方法去实践，你就能真正把 AI 用起来，而不仅仅是觉得它看起来很厉害。

其次，本书也写给焦虑中的人。

AI 发展迅猛，信息爆炸式增长，工具更新换代的速度令人应接不暇。你可能已经听过太多“AI 会让你失业”的论调，但本书的核心观点是：如果你愿意学习，AI 将会成为你的助力器，而不是替代品。

同时，本书也写给企业管理者、自由职业者、学生、创作者……

无论你是希望用 AI 提升工作效率、优化学习方式，还是想借助 AI 开启一份副业，本书都会提供切实可行的方案。

AI 不是一场只有程序员能参与的游戏，而是一场属于所有人的变革。

本书讲什么？

如果你只想学“怎么用 AI”，大部分 AI 工具的教程都能教你。但本书的目标不只是教你“用 AI”，更是教你如何“思考 AI”，如何理解它的本质，如何真正让它为你所用。

全书共分三个部分。

第一部分：AI 革命的本质

- DeepSeek 为什么是一个“AI 时刻”？
- 它与 OpenAI、Anthropic 等的不同之处是什么？
- AI 是如何思考的？它真的懂我们吗？

第二部分：如何高效使用 DeepSeek

- DeepSeek R1 的核心能力解析。
- 如何通过提示词让 AI 输出更高质量的内容？
- AI 如何成为你的工作搭档？（营销、写作……）
- AI 如何帮助你学习？（阅读、写文章……）

第三部分：AI 进阶玩法

- DeepSeek + Kimi 生成 PPT，DeepSeek + Xmind 生成思维导图，DeepSeek + 剪映生成短视频……
- 如何在本地部署 DeepSeek？
- 如何调用 DeepSeek API 实现自动化工作？

这本书并非枯燥的工具说明书，而是一本真正能帮你打开 AI 视野的指南。

我们不仅会探讨如何操作 AI，还会深入探讨 AI 的思维方式，以及如何让 AI 真正与你协作，而不仅仅是“替代”你。

会用 AI 只是第一步，我们的终极目标，是让 AI 放大你的能力，成为你的一部分。

本书的“隐形价值”

AI 的进化速度远超任何一本书的更新速度。DeepSeek 从 R1 到 R2 再到 R3 可能只需要几个月，未来的新功能、新玩法层出不穷，而一本书却无法做到实时更新。

所以，**本书不仅仅是一本书，它更是一扇门。**

在阅读本书的过程中，你还可以获取更多的延伸资源。

- **视频教程**：针对不同场景的 DeepSeek 玩法，我会录制更直观的操作视频。

- **实时更新的图文教程**：书中提到的 AI 工具一旦有重要更新，我就会在我的公众号“花叔”同步更新相关的使用指南。
- **社区讨论**：我会在公众号定期回答大家的 AI 相关问题，分享最新的 AI 资讯。

如果你希望获取这些资源，可以在微信公众号搜索“花叔”，我会在其中持续分享与 AI 相关的最新实践经验，帮助你保持领先。

致谢

写这本书，不只是一个人完成的事。感谢一直在我身边给予我充分陪伴和支持，同时也是“小猫补光灯”产品启发者的锐锐。感谢我的编辑王军花老师，是她的鼓励和信任让这本书的内容得以成形和出版。

感谢 DeepSeek 这家公司，让我在 2025 年这个 AI 变革的关键时刻，有机会见证一个属于开源 AI 的全新时代。

感谢所有曾在 AI 领域不断探索的人，无论是开发者、产品经理，还是那些愿意第一时间尝试 AI 工具的普通人，你们的反馈、使用习惯，甚至是吐槽，都是 AI 发展的推动力。

感谢读到这里的你。

无论你是出于好奇、焦虑，还是单纯想“摸摸 AI 的底”，只要你愿意开始这段旅程，就已经比 99% 的人走得更远。

世界正在被 AI 重塑，而你完全可以站在这个变革的中心。

愿这本书能帮你迈出第一步。

陈云飞（@花生）

2025年2月27日

目录

第一部分　AI 革命的本质

第二部分　如何高效使用DeepSeek

第 4 章　DeepSeek 使用技巧　64

第三部分 AI 进阶玩法

第一部分

AI 革命的本质

第1章　DeepSeek时刻

> 未来已来，只是尚未均匀分布。
>
> ——威廉·吉布森

2025年1月20日，DeepSeek R1的发布震撼了整个AI界。从来没有一个开源模型能在发布几天内就让OpenAI、Google DeepMind、Anthropic这些巨头绷紧神经。更何况，它的训练成本竟然只有560万美元，约为OpenAI GPT-4的二十分之一。[①] 马斯克第一时间在X上发帖，质疑DeepSeek是否真的仅用2000块NVIDIA H800 GPU就完成了训练，而非暗中动用了数万块GPU。风险投资家马克·安德森更是将其比作“AI的斯普特尼克时刻”，认为这可能是科技领导权更迭的转折点。

当人们还在讨论DeepSeek究竟是怎么做到这一切的时候，它的App已经悄悄登上苹果App Store的榜首，超越了ChatGPT，并且短短一周内全球用户数便突破500万，服务器甚至因流量过大而一度崩溃，不得不限制新用户注册。科技行业的老牌玩家们措手不及——原本AI领域的竞争已经足够激烈，但DeepSeek带来的不是又一轮参数“军备竞赛”，而是一场彻底的成本革命。

硅谷的AI独角兽们还没反应过来，NVIDIA的股价先跌了17%。

① 有报道称，OpenAI的CEO Sam Altman曾表示GPT-4的训练成本超过1亿美元，但具体数字未获官方证实。——编者注

投资者开始意识到，AI 产业的游戏规则可能要变了。

1.1 DeepSeek R1 究竟是什么

它当然不是另一个 ChatGPT，它是唯一一个在推理能力上真正能与 OpenAI 的先进模型抗衡的模型。不同的是，它的训练成本更低，开源许可更自由（采用 MIT 许可，允许任何人自由使用、修改和商业化），推理效率也远超同等级模型。它证明了一件事：AI 训练的成本不必那么高，AI 也不一定只能由封闭的商业巨头掌控。

从 DeepSeek R1 技术评测报告可以看出这款模型的性能有多出色。这款总参数量达 6710 亿的开源模型，在数学、编程、逻辑推理等任务上对标 OpenAI 的 o1（ChatGPT 的核心模型之一）。

但这些技术细节，并不是它最具杀伤力的地方。真正让 AI 行业震动的是，DeepSeek R1 证明了 AI 训练不一定需要巨额资金，不一定需要美国的大型算力集群，也不一定需要顶级的封闭式数据。

DeepSeek R1 的基础模型 DeepSeek V3 只用了 2000 块 NVIDIA H800 GPU（算力弱于被美国禁售的 H100 芯片）就完成了训练，而 OpenAI 一次训练可能要用上万块。成本的悬殊，直接改变了 AI 产业的游戏规则。

此外，DeepSeek 采用了一种特殊的激活策略，虽然模型的总参数量高达 6710 亿，但实际推理时只会调用 370 亿左右的参数。换句话说，它既能保持大语言模型（LLM，书中简称“大模型”）的复杂性，又将计算成本优化到了极致。这让 DeepSeek R1 以远低于 GPT-4

的训练资源，仍能实现接近的性能表现。如果 AI 领域也存在一条摩尔定律，那么 DeepSeek 无疑将其加速了十倍。

但更重要的不是技术，而是态度。DeepSeek 直接将 R1 以 MIT 许可开源，这意味着，任何个人、公司甚至竞争对手，都可以在其基础上开发自己的 AI 应用。以前只有 OpenAI、Google 这些公司能玩转大模型，现在任何一家创业公司甚至高校实验室都能用上最先进的 AI。

这听起来很理想主义，但它的影响是实实在在的。

如果说 2022 年 ChatGPT 的爆发让 AI 进入了消费级市场，那么 2025 年 DeepSeek R1 的发布则让 AI 进入了工业化时代。

1.1.1 硅谷的震荡与 AI 供应链的变化

DeepSeek R1 的发布震动了整个硅谷。在马斯克那条充满质疑的帖子下面，点赞的人很多，OpenAI 的 CEO Sam Altman 也忍不住评论了一句："令人印象深刻。"而 Meta 的 Yann LeCun 更是直言不讳，说 DeepSeek 证明了"开源模型正在超越闭源模型"。

这场轰动不仅仅源于技术本身的突破，更是因为它对整个 AI 行业的冲击。

从 2022 年 ChatGPT 爆发以来，AI 一直是资本最热衷的赛道，但这条赛道的门槛很高。能真正开发出 GPT-4 这种级别的模型的，全球也不过几家公司，因为光是训练成本就足以劝退所有中小企业。然而，DeepSeek 彻底打破了这个神话——如果一个中国团队能用 560 万美元训练出一个可与 OpenAI o1 抗衡的模型，那未来是不是只需要几百万美元，就能开发出 GPT-4.5，甚至 GPT-5？

DeepSeek R1 证明了一件事：AI 的训练成本并非一个无解的天文数字，大公司豪掷 10 亿美元训练 AI，也许只是因为他们有 10 亿美元可以“烧”。

更令人震撼的是，DeepSeek 不是只有一个模型。它的开源策略，意味着更多开发者可以在 DeepSeek R1 的基础上做优化、蒸馏，甚至是把它部署到更小的设备上。这可能正是 OpenAI 等巨头最不愿意看到的局面——AI 产业不再是大厂的专属领地，而是变成了人人都可以参与的游戏。

1.1.2 AI 产业的新格局

如果说 2022 年是 AI 进入消费级市场的一年，那么 2025 年可能是 AI 进入工业化时代的一年。DeepSeek 让大家意识到，AI 不再是一种昂贵的技术，而是一种可以自由获取的工具。

这也是为什么 DeepSeek R1 一经发布，就迅速成为 App Store 和 Google Play 中的第一名，全球用户数在短短几周内就突破了 600 万。比起 OpenAI 这种需要 200 美元订阅 Pro 版本的 AI 工具，DeepSeek R1 在某些任务上表现更优，同时它的 API 成本更低，开发者的使用成本也更低廉。

更重要的是，它迫使硅谷重新审视 AI 的竞争逻辑。过去，大家拼的是谁的 AI 更聪明，谁的 AI 计算能力更强。而 DeepSeek 的策略是：我不一定比你更强，但我一定比你更经济。

这种模式让人想起当年的安卓。当苹果用封闭生态建立 iPhone

的统治地位时，安卓选择了开源，并迅速占领了全球市场，让所有手机厂商都能用上智能操作系统。如今，DeepSeek 的策略或许将在 AI 产业中重演这一幕。

OpenAI、Anthropic、Google DeepMind 这些公司接下来的压力会很大，因为他们面对的竞争不再只是“更好的 AI”，而是“更低成本、更开源、更具可扩展性的 AI”。

DeepSeek R1 可能不会是这场竞争的终结者，但它无疑是 AI 产业进入新阶段的分水岭。未来 AI 的竞争，可能不再是“谁能开发出更大的模型”，而是“谁能以更低的成本普及 AI”。

DeepSeek 让这个未来提前到来了。

1.2　DeepSeek 为何永远繁忙

如果说 DeepSeek R1 的发布是 AI 产业的一次地震，那过去一个月的用户增长则是彻底的海啸。

一个 AI 公司的产品，在全球 165 个国家和地区的 App Store 榜首霸榜超过一周，服务器因流量过大而崩溃，官方不得不宣布“限制新用户注册”，这是 ChatGPT 之后，AI 领域从未出现过的奇观。

更离谱的是，DeepSeek 似乎并不急着解决这个问题。

从 2025 年 1 月 20 日到现在，DeepSeek R1 的“繁忙”状态已经成为用户们的日常。你打开它的 App，等待 30 秒，等来的却是“服务器繁忙，请稍后再试”；你兴致勃勃地想测试它的推理能力，结果发了个问题就被无情断线，甚至有用户调侃：“DeepSeek 不是在推理，而是在思考人生。”

都 2025 年了，连《哪吒 2》的票房都破百亿元人民币了，DeepSeek 还没解决服务器问题？

在硅谷，那些 AI 初创公司为了抢占市场，正不惜一切砸钱扩容，“烧”GPU，拉投资，推会员制，哪怕是 OpenAI，也早就开启了 Pro 订阅，限制免费用户的使用频率。DeepSeek 作为一个爆火的 AI 产品，手握泼天富贵，却完全不按常理出牌。

1.2.1 DeepSeek 在想什么

在其他公司忙着抢占用户、疯狂买 GPU、研究如何变现的时候，DeepSeek 在干什么？

它选择了一个更难但更重要的方向：继续优化架构，推进开源研究，而不是急着做 ToC 业务。

2025 年 2 月 24 日，DeepSeek 又开始逐步宣布开源五个新项目，并发布了新的技术论文。

这意味着，DeepSeek 的团队把更多的算力、资源投到了研究当中，而不是解决服务器扩容的问题。它的逻辑似乎很明确：与其追求短期内让更多 C 端用户流畅使用，不如专注于技术突破，让 AI 变得更聪明、更便宜、更普惠。

有意思的是，这种策略和 OpenAI 形成了极大的反差。OpenAI 在过去半年里，不仅收紧了 API 的使用政策，还大幅提高了会员的价格（最强的模型仅限新推出的 200 美元 / 月的 Pro 会员用户使用，而 20 美元 / 月的 Plus 会员则无缘体验最高级的模型），从最初的“技术探索者”逐渐向商业巨头转型。而 DeepSeek 走了一条完全不同的路：它不关心短期盈利，而是执着于让 AI 本身更便宜、更开源、更智能。

DeepSeek 不在乎流量，只在乎 AI 发展的时间表。

1.2.2 拒绝成为“AI 流量公司”

想想看，DeepSeek 其实完全可以走一条“更正常”的 AI 商业化路径：

- 学 ChatGPT 提供 Pro 和 Plus 会员服务，每个月分别收 200 美元和 20 美元，让愿意付费的用户获得更稳定的服务；
- 拉投资买 GPU，让产品不再“服务器繁忙”，而是变成一个随时可用的 AI 助手；
- 推企业 API，像 Claude 3.5 一样，去 SaaS 市场抢占 B 端客户。

但它选择了相反的方向。它让自己的产品一直处于“卡顿”状态，却不断推动 AI 领域的研究，让整个产业的 AI 算力变得更便宜。

DeepSeek 可能很清楚，AI 时代唯一的流量密码是“智能”，而不是“用户基数”。

相比流量变现，它更想解决的，是 AI 算力的极限，是让 AGI 提前到来。

1.2.3　梁文锋的选择

很多人可能不理解，为什么 DeepSeek 明明有机会成为“AI 版的拼多多”，却选择了“做 AI 版的 SpaceX”?

在这个所有公司都在争抢市场份额的时代，DeepSeek 的创始人梁文锋却似乎更像一个不急不躁的“技术理想主义者”。如果你看过他的采访，就会发现他对于 AGI 的执念甚至超过了 OpenAI 的 Sam Altman。

他认为，AI 不应该是一种昂贵的服务，而应该是“可负担的智能”，只有让 AI 本身的推理成本降低，让 AI 变得越来越高效，AGI 才能真正到来。

所以当 DeepSeek 迎来泼天富贵的时候，他做出的决策不是疯狂投钱扩容，而是继续搞研究。

这听起来或许有点荒谬，但换个角度看，这其实是 DeepSeek 最聪明的策略。

如果 AI 的竞争核心是“智能”，那么抢用户、抢流量、抢市场份额，都只是短期手段。真正决定胜负的，是谁能在技术上更进一步，谁能更快地推动 AI 进入新的阶段。

1.2.4　DeepSeek 走的，是一条更长远的路

过去的 AI 产业中，人们普遍认为训练大模型必须烧钱。GPT-4、Claude 2、Gemini 1 这些模型的训练成本动辄数亿美元，甚至有传言

说 OpenAI 一年仅在 GPU 上的花费就高达 50 亿美元。

DeepSeek R1 证明了，不需要这么烧钱，AI 也能变得更强。

DeepSeek 用 560 万美元就开发出了能挑战 OpenAI o1 的大模型，如果再优化一年，成本会不会降到 300 万美元？甚至 100 万美元？

这就是 DeepSeek 的目标——让 AI 成本变成 OpenAI 的 1/10，甚至 1/100。

它知道，这才是 AI 时代真正的竞争壁垒，而不是用户增长率。

1.2.5　DeepSeek 可能是 AI 领域最不一样的公司

在所有 AI 公司都在拼命抢占市场，试图“成为下一个 OpenAI”的时候，DeepSeek 选择了一条完全不同的路。

它不想成为一个“AI 软件公司”，它更像是 AI 时代的特斯拉——它的真正目标不是卖车（提供 AI 服务），而是让 AI 本身的成本降到最低，让整个产业彻底变革。

所以，当你再遇到 DeepSeek 服务器繁忙的时候，不要生气。他们可能真的不在乎这些“短期困扰”，而是正忙着让 AI 变得更便宜、更强、更不可阻挡。

1.3　DeepSeek 化：当 AI 变成水、电、空气

在 DeepSeek R1 发布后的短短一个多月里，全球 AI 产业正在经历一场大规模的“DeepSeek 化”运动。

DeepSeek 公司什么都没做，甚至连服务器都懒得扩容，但它的 API 正在渗透进每一个角落。从云计算巨头，到主流应用，再到车企、电商、开发者工具，所有人都在争相接入 DeepSeek。

这是一种有趣的反转。过去，AI 公司想尽办法抢占用户，拼命烧钱推广自己的模型，而如今，DeepSeek 什么都没干，却成了 AI 时代的“水、电、空气”——你可能不会天天想起它，但一旦没有它，就会觉得不方便。

1.3.1　云厂商：抢 DeepSeek API，抢流量红利

DeepSeek R1 开源后，最先做出反应的是云厂商。从 AWS 到阿里云，从微软 Azure 到腾讯云，所有云厂商都在抢着集成 DeepSeek API，仿佛错过了它，就错过了整个 AI 时代。

- **微软 Azure**：2025 年 1 月 29 日，Azure AI Foundry 直接上线 DeepSeek API，甚至在 GitHub 上开放了一系列 SDK，方便企业接入。
- **亚马逊云 AWS**：2025 年 1 月 31 日，Amazon Bedrock 宣布支持 DeepSeek R1，强调它“比 OpenAI API 便宜 90%”的优势，立刻吸引了一大批中小企业开发者。
- **NVIDIA**[①]：这家 GPU 领域的霸主在 2025 年 1 月 31 日宣布，其 NIM 微服务框架正式支持 DeepSeek，并承诺实现“每秒 3872 token 的推理速度”，瞄准高性能 AI 计算市场。
- **阿里云**：2025 年 2 月 3 日，阿里云 PAI 平台支持一键部署 DeepSeek，号称“3 分钟内完成 AI 应用上线”，直接拉开了国内云厂商的价格战。

① 从企业定性上来说，NVIDIA 不是云厂商，这里它提供了相应的服务。——编者注

- **华为云**：同样在 2025 年 2 月 3 日，华为云宣布与 AI 基础设施初创公司硅基流动合作，在 Ascend 计算平台上优化 DeepSeek 模型，减少对高端 GPU 的依赖。

如果说 2023 年所有云厂商都在抢 OpenAI 的 API，那么 2025 年他们争抢的则是"DeepSeek 兼容性"——不支持 DeepSeek API，就好像 20 世纪 90 年代的 PC 不能运行 Windows 一样，直接失去了竞争力。

甚至有投资人戏称："DeepSeek 这一波操作，相当于让整个 AI 产业免费共享了一个国家级科研项目的成果。"

1.3.2　大厂应用：AI 不是产品，而是基础设施

更有趣的是，除了云厂商，越来越多的主流应用也开始主动 DeepSeek 化。

- **阿里钉钉**：2025 年 2 月 6 日，钉钉成为阿里系首个 DeepSeek 接入产品，支持 AI 助理一键创建文档。
- **腾讯元宝**：2025 年 2 月 13 日，腾讯元宝接入 DeepSeek R1，支持与腾讯自家的混元大模型双向切换。
- **微信 AI 搜索**：2025 年 2 月 15 日，微信灰度测试"AI 搜索"功能，将公众号文章、朋友圈内容与 DeepSeek R1 结合，实现"搜索即服务"。
- **百度地图 & 腾讯地图**：2025 年 2 月 17 日，两大地图应用同时接入 DeepSeek R1，优化智能导航、旅游推荐，让 AI 直接为你规划最优出行路线。

- **汽车行业**：2025 年 2 月 22 日，吉利、奇瑞等 20 余家车企宣布接入 DeepSeek，主打智能语音助手。

这一波 DeepSeek 化，彻底改变了 AI 在应用层的定位。

过去，AI 是一个功能——“我们用 AI 帮助你提升效率”。

而现在，AI 成了基础设施——“DeepSeek 在后台帮你思考，你甚至不需要意识到它的存在”。

这不仅让 AI 变得无处不在，也让 DeepSeek 变成了整个行业的新标准。

就像今天没有人会宣传“我们支持 HTTPS”一样，未来的应用也不会特意强调“我们支持 AI”，因为它已经成了默认选项。

1.3.3　DeepSeek 的影响：它不是 AI 公司，而是 AI 生态

回顾 2025 年 1 月和 2 月，我们可以看到一个明显的趋势：

- DeepSeek 不仅仅是一个 AI 公司，而是一场“开源 AI 运动”；
- 它的 API，正在成为全球 AI 产业的“水、电、空气”；
- 未来所有的AI竞赛，都会围绕DeepSeek进行，而不是OpenAI。

这就像 20 世纪 90 年代的互联网：最开始，大家以为“互联网”是一种新产品。但后来大家发现，互联网不是产品，而是一种基础设施，所有应用都会在它上面运行。AI 也一样，DeepSeek 证明了，AI 不是某家公司的产品，而是一个全球性的基础设施。

1.3.4 DeepSeek 不是 ChatGPT 2.0，而是 AI 时代的 TCP/IP

很多人把 DeepSeek R1 的崛起看作“ChatGPT 2.0”，但这其实是误解。ChatGPT 是一个 ToC 的 AI 产品，而 DeepSeek 是一个 ToB、To Developer 的 AI 基础设施。

更准确地说，它更像是 AI 时代的“TCP/IP”——你不会天天意识到它的存在，但整个世界都在依赖它运转。在可见的未来，DeepSeek 可能不会成为“最赚钱的 AI 公司”，但它一定会是最难被取代的 AI 基础设施。

这也是我们需要学习 DeepSeek，了解 DeepSeek 的底层运作机制，学会更好地与它协作的原因。

第 2 章　从 ChatGPT 到 DeepSeek

> 重要的是不要停止提问。好奇心自有其存在的理由。
> ——阿尔伯特·爱因斯坦

2022 年 11 月 30 日 OpenAI 发布 ChatGPT 是这一轮 AI 革命爆发的起点，后面不同的大模型公司遍地开花，开源模型与闭源模型不停地你追我赶。

究其根本，现在的大模型都是一脉相承的 Transformer 架构，依然分为预训练和后训练两个阶段。而像 GPT-4、GPT-4o、DeepSeek V3 等指令模型（instruction model）和 DeepSeek R1、OpenAI o1、OpenAI o3-mini 等推理模型（reasoning model）之间的分野也才刚刚形成。

为了更深入地理解 DeepSeek 这家公司，了解 DeepSeek R1 这一推理模型，我们需要回到两年半前，看一看 ChatGPT 究竟是如何被训练出来的。

2.1　ChatGPT 是怎么被训练出来的

ChatGPT 的训练过程分为以下四个阶段。

- **阶段一：预训练（pretraining）**。这是大模型训练的最主要阶段，大概会占用模型 95% 以上的训练时间，花费数百万美元。该阶段的模型会利用上千亿条从网络爬取的语料（低质量，高数量）进行训练，模型训练的目标是预测下一个词，训练完成后会得到一个基础模型（base model），像 GPT-3、Llama、PaLM 都是这样的基础模型。
- **阶段二：监督微调（supervised finetuning，SFT）**。这个过程会使用专门的由人类外包商生成的结构化的、包含提示词和理想结果的语料（高质量，低数量）进行训练，通常只需要几天时间。这个阶段模型训练的目标依然是预测下一个词，完成后会得到一个监督微调模型（SFT model）。除 ChatGPT 和 Claude 外，大多数和用户对话的模型都是这种类型的模型，如 Vicuna-13B。
- **阶段三：奖励建模（reward modeling）**。在上一个阶段训练得到的监督微调模型已经可以生成输出了，到了这个阶段，会由人类外包商对监督微调模型在同一个提示词（prompt）下生成的结果进行评价比较。在这个阶段，模型训练的目标是预测一个回答可能得到的人类评分，这是一个用于训练的过程模型，不是给用户使用的，通常会花费几天的训练时间。
- **阶段四：强化学习（reinforcement learning）**。在这个阶段，训练的语料是人类外包商提供的提示词，而模型训练的目标是根据这些提示词生成内容，获得最大化的奖励模型提供的奖励，通常也是花费几天的训练时间就能完成，最终得到的是强化学习模型（RL model），像 ChatGPT 和 Claude 就是这样的模型。

2.1.1 阶段一：预训练

在预训练阶段，首先要选择语料，训练语料的数量和质量都很重要。GPT-3 大概用了 3000 亿 token 的语料，其具体的语料构成并未公布，但是可以拿 Meta 训练 Llama 用的语料数据作为参照，如表 2-1 所示。其中：

- 67% 是 CommonCrawl 数据，也就是常规网络爬取的数据集。这部分数据集的特点是内容类型很丰富，但是因为内容可能是任何人写的，所以质量可能偏低，也会包含大量的噪声和不相关内容，例如广告、导航菜单、版权声明等。
- 15% 是 C4（Colossal Clean Crawled Corpus，庞大的清洁爬取语料库）数据，这个数据集包含了大量的网页文本，这些文本已经过清理，移除了广告、重复内容、非英语文本和其他不适合训练的元素。这个数据集的目标是提供一个大规模、高质量、多样性强的英语文本数据集，以支持各种自然语言处理任务。尽管 C4 已经过清理，但仍然包含了来自互联网的各种文本，因此可能包含一些质量低下或有误导性的信息。
- 剩余 18% 的训练语料数据质量相对高些，主要是来自 GitHub、维基百科、书籍、ArXiv、StackExchange 等。

表 2-1 Meta 训练 Llama 用的语料数据

数据集	采样比例	训练轮数	磁盘大小
CommonCrawl	67.00%	1.1	3.3 TB
C4	15.00%	1.06	783 GB
GitHub	4.50%	0.64	328 GB
维基百科	4.50%	2.45	83 GB
书籍	4.50%	2.23	85 GB
ArXiv	2.50%	1.06	92 GB
StackExchange	2.00%	1.03	78 GB

结合训练语料的数据量级和来源构成看，我们需要理解的是，像 ChatGPT 等大模型几乎学习过了人类在互联网上发表过的所有学科和领域的知识，所以它的“常识”很丰富；但同时，因为训练语料中充斥着大量“平庸”的知识，而模型的主要目标又是预测下一个词，所以你很可能只能得到的是平庸、普通、被平均过的内容。要想激发大模型输出更高级、更优质的回答，你需要一定的提示技巧。重新回到训练过程，在获得大规模的训练语料后，OpenAI 也不是直接对语料进行训练，而是先将文本内容分解成更细小的子词单元（subword unit），也就是我们常听到的 token，然后进行训练。你可能像我一样困惑：直接拿完整的单词训练不是更简单吗，为什么要分词？其中的逻辑是下面这样的。

- **处理未知单词**：在训练过程中，可能会遇到一些模型从未见过的单词，如果以单词为单位进行分词（tokenization），那么模型将无法处理这些未知单词。而如果以子词或字符为单位进行分词，即使遇到未见过的单词，模型也可以将其分解为已知的子词或字符，从而能够处理未知单词。
- **缩小词汇表大小**：如果以单词为单位进行分词，那么词汇表将会非常大，这会增加模型的复杂性和计算负担。以子词或字符为单位进行分词，可以显著减小词汇表的大小。
- **捕捉词根和词缀信息**：许多英语单词都是由词根和词缀（前缀和后缀）构成的。以子词为单元进行分词，可以帮助模型捕捉到这些词根和词缀信息，这对理解和生成文本有所帮助。

所以，GPT 选择了子词单元作为 token 进行训练，这样既能够处理未知单词，也能够缩小词汇表的大小，并且能够捕捉到语言的一些内在规则。大多数模型在训练时会这么做，但是它们采用的分词规则可能会不太相同，比如 GPT-3 在训练前分出了 50 257 个子词，而 Llama 用了 32 000 个子词。

获得了语料并对语料进行分词后，便进入了实际的预训练过程。预训练实际上就是不断遮住模型的“眼睛”，让模型猜测下一个词是什么的过程。训练的目标是不断迭代，使得模型猜出来的下一个词和实际文本内容的下一个词一致。这一过程涉及一个指标，叫训练损失（training loss），这是机器学习模型在训练数据上的预测误差。简单来说，损失函数是一种衡量模型预测和实际目标之间差距的方法。在训练过程中，模型的目标是最小化这个损失。

在这个阶段训练得到的是基础模型，就像前面提到的，这个模型的目标是预测下一个词，而不是充当聊天机器人或者助理的角色。举个例子，如果你向这个模型输入提示词：

> 北京的常住人口有多少?

得到的结果可能是：

```
上海的常住人口有多少?
广州的常住人口有多少?
深圳的常住人口有多少?
```

这是因为在 GPT 的训练语料里，这些问题可能常常更紧密地放在了一起，不过到了 GPT-2，就有很多人发现，其实可以通过提示词技巧让模型扮演助手的角色或者回答问题，实现方式是类似于写出以下的提示词：

> Q：北京的面积有多大？
>
> A：约1.6万平方公里
>
> Q：北京有多少个行政区？
>
> A：16个
>
> Q：北京的常住人口有多少？
>
> A：

这时你得到的结果可能就是：

```
2184万
```

这一过程的本质是把你的问题或者你需要基础模型帮你做的事伪装成一个文档中连续内容的一个缺口，让模型去自动尝试补全。但是这一过程存在很多的不稳定和不确定性，得到的结果常常不令人满意，对使用者也有较高的要求，所以现在这类模型通常不是提供给普通用户使用，而是供具备一定的开发能力和提示词技巧的开发者使用。

2.1.2　阶段二：监督微调

1. 为什么需要监督微调

在完成了基础模型的预训练后，我们得到的仍然只是一个“填空”模型，它的目标仅仅是预测下一个词，它还不是一个真正理解指令并能顺畅对话的智能助手。尽管在某些情况下，用户可以通过巧妙的提示让基础模型生成符合要求的内容，但这种方法不仅效率低，而且生成质量不稳定，尤其是当任务变得复杂时，基础模型很容易给出不合适的、脱离主题的或毫无意义的回答。

监督微调就是为了解决这个问题。它本质上是一个“任务对齐”过程，目的是让模型学会如何更好地响应人类的指令，使它能够以一种更加符合人类预期的方式进行互动。具体来说，监督微调训练的目标是让模型不仅能够预测下一个词，还能学会根据输入的提示词生成合理的、高质量的回答。

2. 监督微调的核心数据来源

监督微调的关键在于提供给模型的训练数据的质量。与预训练阶段大规模、低质量的互联网语料不同，监督微调阶段使用的是人工精心筛选和标注的高质量数据集，通常有如下来源。

- 人工编写的问答对（prompt-response pair）

  这部分数据是人工创建的，可确保每个提示词都有一个高质量、符合人类期望的理想答案。例如：

  > “解释量子力学的基本概念。”

  模型输出：“量子力学是描述微观粒子行为的物理理论，强调概率、波函数坍缩和不确定性原理……”

- 优秀对话的筛选与整理

  从互联网的论坛、问答网站、书籍等资源中筛选出高质量的对话或回答，经过编辑优化后作为训练数据。例如：

  - 从 StackExchange、Reddit、Quora 等平台中筛选高质量的技术问答；

- 从维基百科、学术论文、书籍中提取适合作为回答的数据，并加以整理。

- 从基础模型生成的数据中挑选高质量答案

  研究人员会让基础模型生成大量回答，并人工筛选出其中最优秀的部分，再用于训练。这种方法不仅能利用模型自身的能力，还能降低人工成本。

- 用户反馈与日志数据

  如果模型已经上线（如 OpenAI 在 ChatGPT 发布后不断进行改进），开发者可以收集真实用户的反馈，将优质的对话整理为新的训练数据，进行持续的微调。

3. 监督微调的训练方式

监督微调训练的方式与预训练类似，依然基于**自回归**（**auto-regressive**）的 Transformer 结构，但这次的优化目标发生了变化，不再是单纯预测下一个词，而是让模型学习“在这个提示词下，什么样的回答是好的”。在训练过程中使用的损失函数可能包括**交叉熵损失**（**cross-entropy loss**），确保模型尽量生成符合标注答案的内容。

在这个过程中，模型逐渐学会了**遵循指令**（**follow instructions**），而不仅仅是单纯地进行语言填空。可以说，监督微调是让大模型从“文字预测机”变成“助手”的关键一步。

4. 监督微调的局限性

尽管监督微调让模型学会了“听懂指令”，但它仍然有很多问题，举例如下。

- **模型仍然缺乏稳定性**，可能会生成风格不一致的回答。
- **容易过度拟合训练数据**，导致在遇到新问题时无法灵活应对。
- **仍然缺乏价值判断**，无法真正理解哪些回答是最符合人类喜好的。

这也是为什么 OpenAI 在 ChatGPT 训练过程中引入了奖励建模和强化学习，以进一步优化模型的行为。

2.1.3 阶段三：奖励建模

1. 为什么需要奖励建模

监督微调训练出的模型已经能理解人类指令，并且能够按照示例回答问题，但它仍然没有真正的“好坏判断能力”，无法区分哪些回答更符合人类偏好，举例如下。

- 如果模型输出了两个回答：
  - **模型输出 A**：“苹果是一种水果，富含维生素 C。”
  - **模型输出 B**：“苹果是一种水果，富含维生素 C，并且不同品种的苹果有不同的口感，比如富士苹果较甜，而青苹果略带酸味。”

  模型无法判断 B 比 A 更完整、更优质。

- 在涉及敏感话题时，模型可能会给出不合适的回答，而没有意识到这样做的风险。

这时就需要奖励建模过程，让模型学会什么样的回答是更好的。

2. 奖励建模的核心机制

奖励建模是让大模型更“懂人话”的关键环节。

在监督微调阶段，模型虽然已经可以根据指令生成合理的回答，但它仍然缺乏“好坏判断能力”——它无法辨别哪种回答更符合人类的偏好，或者更有助于实际应用。奖励建模的作用就是赋予模型这种能力，让它能更准确地识别出更优质、更受欢迎的答案。

这一过程类似于教孩子写作文：老师会给出几篇不同水平的范文，并告诉学生哪篇更好、为什么好。久而久之，学生就能逐渐学会写出更符合标准的作文。奖励建模也是如此，通过让人类标注者对不同回答进行评分，并用这些评分训练一个“奖励模型”，大模型便能学会如何优化自身的回答质量。

1. 人类反馈数据（human feedback）

让人类标注者对监督微调模型生成的多个回答进行评分。例如：

> “如何有效管理时间？”

- **模型输出 A**：“管理时间的关键是设定优先级，并使用待办事项清单。”
- **模型输出 B**：“管理时间的关键是设定优先级。可以使用时间管理法，比如番茄工作法（Pomodoro）或 GTD（Getting Things Done）。”
- **模型输出 C**：“管理时间的关键是……（回答冗长且包含大量无关信息）”

人类标注者会给第二个回答更高的分数，并给出评价。

2. 训练奖励模型

训练一个新的模型，让它学会预测人类评分的高低。在后续训练过程中，这个奖励模型会帮助大模型评估自己的回答是否符合人类预期。

2.1.4 阶段四：强化学习

奖励建模阶段训练出了一个奖励模型，可以用来评估答案的质量。在强化学习阶段，大模型会利用这个奖励模型，不断调整自己的回答策略，使得生成的内容更符合人类喜好。

1. RLHF 的训练方式

RLHF（reinforcement learning from human feedback，基于人类反馈的强化学习）是一种训练大模型的方法，旨在让 AI 更符合人类偏好。它的核心思想是，通过人类对模型输出的评分，训练一个奖励模型，让大模型学会如何生成更优质的回答。RLHF 的训练方式有如下两种。

- 使用奖励模型进行强化训练

  让大模型生成大量回答，并通过奖励模型进行评分。然后，利用强化学习算法（如 proximal policy optimization，PPO），让模型朝着评分更高的方向调整自身的生成策略。

- 迭代优化

  经过多轮训练后，模型能够逐渐掌握什么样的回答最容易获得高分，并优化自己的行为。

2. RLHF 的核心挑战

RLHF 的核心挑战如下。

- **对标注者的依赖**：如果人类标注者存在偏见，奖励模型也会继承这些偏见。
- **过度优化**：模型可能会学会“讨好”评分系统，而不是生成真正高质量的答案。

所以你其实可以认为，奖励建模与强化学习这两个阶段的本质是，让模型更符合人类偏好，生成更可能被人类打高分的回答，具体来说，是被那些在奖励建模阶段的人类外包商打高分的回答。从本质上来说，如果那些参与训练过程的人能力平庸、有偏见，那么得到的模型也会有对应的特征。这套复杂的训练机制最早由 OpenAI 提出，这使得在 2022 年时，OpenAI、Anthropic（Claude）等领先团队在大模型训练领域建立了极高的技术壁垒，而这也是 ChatGPT 能够在 2022 年引爆 AI 革命的关键。

直到两年后，OpenAI 从模型能力到训练方式都开始被 DeepSeek 颠覆，但这就是后话了。

2.2 ChatGPT 思维和人类思维的差异

表 2-2 展示了 ChatGPT 的训练流程，包括四个阶段：预训练、监督微调、奖励建模和强化学习。

- **预训练**：通过大量爬虫数据、书籍和论文训练模型预测下一个词，得到基础模型。

- **监督微调**：使用由人类外包商撰写的大量问答数据进行训练，使模型更符合人类表达习惯，得到微调模型。
- **奖励建模**：通过人工评分数据训练模型，使其能够预测回答的质量，得到奖励模型。
- **强化学习**：采用基于人类反馈的强化学习，使模型生成更符合人类偏好的回答，最终得到如 ChatGPT、Claude 等模型。

表 2-2 ChatGPT 的训练流程

阶段	预训练	监督微调	奖励建模	强化学习
数据集	上千亿的训练语料（爬虫数据、书籍、论文等）	由人类外包商撰写的上千万条提示词和回答数据	由人类外包商撰写的上千万条对监督微调模型回答的评价打分	由人类外包商撰写的上千万条提示词数据
算法目标	预测下一个词	预测下一个词	预测回答能得到的人类评分	生成能最大化奖励得分的回答
得到的模型	基础模型	监督微调模型	奖励模型	基于人类反馈的强化学习模型
典型代表	GPT-3、Llama	Vicuna-13B	-（过程模型，不直接给用户使用）	ChatGPT、Claude

2.2.1 人类思维与 ChatGPT 思维

当人们第一次接触 ChatGPT 时，往往会有两种极端感受。

- **对它的智能程度感到震撼**：惊讶于它能流畅地对话、能解释复杂的物理概念，甚至能写出一篇像模像样的哲学论文，于是开始思考："既然它这么聪明，是不是我可以把所有的工作和学习任务都交给它？”但当实际尝试后，却发现它在某些情况下的表现令人失望，比如在做一些简单的数学运算时出错，或者在一些关键知识点上出现令人啼笑皆非的错误。

- **完全否定它的能力**：认为 ChatGPT 只不过是互联网行业的“新瓶装旧酒”，一些商业炒作而已。“它连做 89×78 这种简单的数学运算都会出错，问它‘鲁迅和周树人有什么分别’，它甚至不知道这俩是同一个人。这样的 AI 是不是太愚笨了呢？真的有用吗？”

但实际上，这两种观点都犯了“以偏概全”的错误——仅凭 ChatGPT 在某一方面的表现，就对它的整体能力做出了绝对化的评价。这背后的根本原因在于，人类天然地会用自身的思维模式去评估 ChatGPT 的能力，但 ChatGPT 的“思维模式”本质上与人类完全不同。它并不是“一个像人一样思考的存在”，而是“一个基于概率预测的文本生成器”，它的强项和弱项都来自于这一点。

为了更深入地理解这种差异，我们先来看**人类的思维模式**。

1. 人类思维示例 —— 常识、反思、工具使用

假设你要写一篇财经类文章，其中有这样一句话：

> “截至 2 月 22 日，拼多多的市值是 B 站的 xx 倍。”

你是如何推导这个数据的？大致的思维流程可能如下。

(1) 反思与拆解问题

你先思考：

- ❑ 这个数据在网上能直接搜索到吗？大概率不能，因为很少有人会特意做“拼多多与 B 站”的市值对比。
- ❑ 我应该怎么得到这个数据？最好的方式是分别找到拼多多和 B 站最新的市值数据，然后自己计算出它们的比值。

(2) 调用外部工具

你的大脑并不会存储拼多多和 B 站的最新市值数据，所以你会想到去雪球、雅虎财经、Google 搜索等渠道查找信息。

你发现：

- ❑ **拼多多市值**：1824.0 亿美元
- ❑ **B 站市值**：95.1 亿美元

(3) 计算与校验

你知道自己的心算能力有限，所以会打开计算器，算出 1824.0 ÷ 95.1 ≈ 19.2，然后回头检查数据来源，以确保准确性。

(4) 调整措辞，精确表达

你第一时间可能会写：“拼多多的股价比 B 站高 18.2 倍。”
但你随即意识到错误：“不对，市值≠股价。”
于是你修正措辞：“截至 2 月 22 日，拼多多的市值是 B 站的 19.2 倍。”

这个过程中，你经历了“**反思 → 工具使用 → 计算 → 校验 → 语言调整**”的思维链条。

2. ChatGPT 的思维方式 —— 逐字预测与逻辑推演

如果 ChatGPT 也接到了这个任务，它的思考方式是完全不同的。

(1) 它不会“思考”整体流程，而是基于输入的提示词，一层一层地拆解信息，并逐字预测答案。

- 它不会主动去查拼多多和 B 站的最新市值，除非它具备联网能力。
- 它不会使用计算器，而是基于训练数据中的数学模式进行近似计算。
- 它不会反思自己的回答是否准确，除非你明确要求它进行自我检查。

(2) ChatGPT 采用“逐字预测”的方式生成文本。

- 它不会像人类一样先思考：“我要怎么解决这个问题？”
- 它只是基于已有的内容，不断预测：“下一个最合理的词是什么？”

这种方式使它在自然语言流畅度上表现极为出色，但在逻辑推演、事实检索、数学计算等方面可能会出错。

(3) 它的知识来源有限。

- 如果没有 Web 访问权限，它的知识库就只停留在训练数据的时间范围（比如 2023 年 12 月前的数据）。
- 它的知识是从大量互联网页面、书籍、论文等语料中学习来的，但它并不会主动“查找”信息，而是基于已有数据预测答案。

2.2.2　利用提示工程技巧提升 ChatGPT 的表现

在 ChatGPT 的指令模型时代，模型生成的结果很大程度上受限于提示词的质量。

像我们前面提过的，ChatGPT 及类似模型的核心运作方式是“基于概率预测下一个最合理的词”，因此，其回答质量极大程度上依赖于输入提示词的清晰度和结构化程度。换句话说，你问得好，它答得就好；你问得含糊，它就有可能胡编乱造。这就催生了“提示工程”（prompt engineering）的概念，即如何设计有效的提示词，以最大化模型的能力。

在本节中，我们将探讨如何利用工具赋能、反思机制、拆解任务、角色扮演等方法来提升 ChatGPT 的回答质量。例如，通过允许 ChatGPT 访问外部搜索引擎、计算工具或文档解析插件，可以让它突破自身的知识局限；通过引导它进行自我检查和逻辑反思，可以减少回答中的错误与幻觉。

1. 给 ChatGPT 提供工具武装

我们在思考或工作时，总会借助各种外部工具来弥补自身能力的不足，比如使用计算器进行复杂运算，查阅百科全书了解陌生概念，使用搜索引擎获取最新信息，甚至用笔和纸进行推理和记忆。人类的智能本质上是一种“工具增强的智能”，我们并非孤立地思考，而是通过调用各种外部资源，使自己的思维能力得到扩展。

ChatGPT 也是如此。尽管它的知识来源广泛，但它本身不会进行独立的事实查证、不会实时联网，也不会执行代码或解析非结构化数据，所以在处理某些任务时，它的表现会受到很大限制。但插件（plugin）或外部 API 可以让 ChatGPT 具备更强的能力。

- **联网查询**

ChatGPT 默认的知识截至 2023 年年底，但通过选择网页搜索功能，它可以实时搜索互联网，获取最新的信息。例如：

> “请查找最新的美股行情，并总结特斯拉（TSLA）的近期市场表现。”
> “搜索 OpenAI 最近发布的 GPT-4o 技术文档，并总结主要改进点。”

- **数学计算**

ChatGPT 的数学计算能力基于模式识别，它不是直接执行数学运算，因此会出现一定的误差。但如果使用 Python 代码执行运算，它就能准确计算。例如：

> “请计算 89×78 的结果，并给出计算过程。”
> “使用 Python 画一张股票价格的折线图。”

- **文件处理（PDF 解析、表格处理）**

如果你希望 ChatGPT 阅读 PDF、解析 Excel、分析 JSON 文件，可以使用相应的插件。例如：

> “请阅读这份 PDF 论文，并总结主要观点。”
> “解析这份 Excel 文件，找出销售额最高的产品类别。”

本质上，你可以把 ChatGPT 当作一个“智能体”，通过为它提供工具，让它像人类一样具备“能力增强”的特性。如果你发现它在某些任务上表现不佳，不妨思考一下：“如果换成人类，会用什么工具来完成这件事？”然后看看是否有相应的插件或 API 可以集成进来。

2. 允许 ChatGPT 回溯和反思

人类在思考过程中，最重要的能力之一就是**反思（metacognition）**，即我们会在行动后回顾自己的决策，判断哪里出了错，并进行修正。例如，你在解一道数学题时，如果发现答案与预期不符，可能会重新审视计算步骤，检查是否有疏漏。但 ChatGPT 在默认情况下是不会回溯自己的答案的，因为它是一个单向生成模型，一旦文本生成完毕，它就不会“反思”自己的输出是否正确。

但你可以通过一些方法主动触发它的反思能力。

- **要求它检查自己的答案**

你可以在 ChatGPT 生成答案后，直接询问：

> “请你检查你的回答，看看有没有错误或遗漏。”
> “你对自己的答案有多大信心？请评分（1~10），并说明理由。”

- **让 ChatGPT 以第三人称视角审视自己**

你可以要求它模拟一个专家来评估自己的回答，例如：

> “假设你是一个专业的数学家，你会如何评价刚才的计算过程？”
> “假设你是这篇文章的审稿人，你会如何改进这个答案？”

- **用对抗性提问来验证答案的正确性**

如果你怀疑 ChatGPT 给出的答案有误，可以换个方式提问：

> “如果这个答案是错的，可能的错误在哪里？”
> “有没有其他可能的观点或答案？”
> “请给出与你原答案相反的观点，并进行论证。”

这类策略的本质是迫使 ChatGPT 重新审视自己的输出，从而提高答案的准确性和可靠性。

3. 对于复杂问题，激发 ChatGPT 的“系统二”慢思维模式

ChatGPT 默认的文本生成方式是一种快速、直觉式的思维模式，类似于诺贝尔经济学奖得主丹尼尔·卡尼曼（Daniel Kahneman）在《思考，快与慢》中描述的“系统一”（System 1）思维——它基于模式匹配，能够迅速生成流畅的文本，但缺乏深入分析能力。

然而，对于复杂问题，人类通常会切换到“系统二”（System 2）思维，即更缓慢、更审慎、更具逻辑性的思考模式。ChatGPT 在默认情况下很难做到这一点，但你可以用以下方法让它慢下来思考。

- **拆解问题，逐步解决**

例如，如果你想让 ChatGPT 计算拼多多与 B 站的市值比例，不要直接问：

> “拼多多的市值是 B 站的多少倍？”

而是改成：

> a. “请告诉我拼多多的最新市值。”
> b. “请告诉我 B 站的最新市值。”
> c. “请计算它们的比值。”

- **使用 few-shot 提示，让它模仿推理过程**

例如：

> “假设北京的常住人口是香港的 3 倍。请按照这样的推理方式，计算拼多多与 B 站的市值比例。”

这样 ChatGPT 就会模仿你的逻辑步骤，而不是直接跳到最终答案。

- **让它“think step by step”（逐步思考）**

直接告诉 ChatGPT：

> “请一步步推理，并展示完整的思考过程。”

这样可以迫使它进入更严谨的推理模式，减少跳步和错误。

4. ChatGPT 不想要成功，但你可以要求成功

ChatGPT 的目标不是“找到最优解”，而是“生成一个看起来合理的回答”。在大多数情况下，它会提供一个 80% 过得去的答案，但不会主动寻找最好的解决方案。这意味着，如果你不做额外引导，它的回答可能只是平均水平，而不会达到真正的“专家级”质量。

但你可以通过精确的提示词设计来让它提供更优质的回答。

- **要求它扮演专家角色**

> “你是一位资深的经济学家，请从专业的角度分析这个问题。”
> “假设你是 OpenAI 的工程师，你会如何优化 ChatGPT 的算法？”

- **让它给出多个答案，并评估优劣**

> “请提供 3 种不同的解决方案，并分析它们的优缺点。”

- **告诉它“你的目标是给出最优解”**

> “请不要只提供一般性的答案，而是给出你认为最优的策略，并解释为什么。”

ChatGPT 本质上是“听话但不主动”的——如果你不明确要求成功，它就不会主动优化答案，但如果你善用提示词，就可以让它尽可能“变聪明”。

而到了 DeepSeek 的推理模型时代，提示词的要求开始变得不一样了。

2.3　从指令模型到推理模型

2025 年 1 月 20 日，中国 AI 公司深度求索（DeepSeek）推出的推理模型 DeepSeek R1 在美国数学邀请赛（AIME 2024）中取得 79.8% 的准确率，超越了人类平均得分。而其推理成本不足 OpenAI 同类模型的 10%。这一里程碑事件标志着 AI 技术从“应答型”指令模型向“思考型”推理模型的跨越。如果说 ChatGPT 开启的是“语言生成革命”，那么以 DeepSeek R1 为代表的推理模型，则正在掀起一场“逻辑思维革命”。

2.3.1 为什么会产生推理模型

从 2022 年 11 月 ChatGPT 的发布，到 2025 年 1 月 DeepSeek R1 的横空出世，大模型经历了从基础模型到指令模型，再到如今的推理模型的演化过程。这一演化的根本动因来自于人们对人工智能能力的更高期望：从简单的指令跟随，到逻辑推理、数学推演、代码生成等高阶认知任务。

早期的指令模型，如 ChatGPT（GPT-3.5、GPT-4）、Claude、DeepSeek V3 等，主要依赖监督微调和基于人类反馈的强化学习（RLHF）来调整模型的行为，使其能够理解并执行人类的指令。这类模型的优势在于通用性和语言流畅度，但在某些复杂任务上仍然表现不佳。

- **数学推理能力不足**：容易在多步计算中出错，缺乏逻辑一致性。
- **代码能力有限**：在编写复杂算法时缺乏全局规划，无法递归优化代码逻辑。
- **推理链不稳定**：容易产生“幻觉”（hallucination），回答缺乏可靠性。
- **任务一致性差**：对同一问题在不同时间或上下文下的回答可能不一致。

因此，研究人员开始探索一种新型的大模型训练范式，以提升模型的推理能力和复杂任务处理能力，这催生了推理模型的出现，例如 OpenAI o1 系列、DeepSeek R1 等。

2.3.2 指令模型与推理模型的核心差异

指令模型和推理模型在**训练目标**、**训练数据**、**推理机制**以及应

用场景等方面存在根本性差异。

1. 训练目标

首先，我们需要明确它们在训练目标上的根本区别。

- 指令模型的核心目标是遵循人类指令，即通过大量的监督数据学习如何对不同类型的提示词做出合理的回应。
- 推理模型的核心目标是提升逻辑推理能力，即让模型能够在数学、代码编写、科学推理等领域表现出更强的推理能力，而不仅仅是生成符合人类期待的文本。

2. 训练数据

接着，我们看看它们在训练数据上的区别，如表 2-3 所示。

表 2-3　指令模型和推理模型在训练数据上的区别

模型类型	训练数据构成	核心数据特征
指令模型	监督微调数据、RLHF	强调语言表达，符合人类偏好的回答
推理模型	预训练 + 强化学习	强调逻辑推理、代码、数学问题的正确性

- 指令模型主要依赖**人类标注的数据**，训练目标是让模型的输出符合人类的期望，因此它擅长对话、写作、问答等任务。但由于人类数据本身可能存在错误或偏见，模型的推理能力仍然有限。
- 推理模型则更注重**逻辑推理和数学推演**，其训练方式更依赖于强化学习，通过奖励机制引导模型逐步优化推理过程。例如，DeepSeek-R1-Zero 直接在基座模型上采用强化学习，不使用任何监督微调数据，而是让模型通过强化学习自己探索更高效的推理策略。

3. 推理机制

指令模型的思维方式更接近“直觉式回答”。

- **基于模式匹配**：通过大量训练数据学习提示词和答案之间的关系。
- **优先生成符合人类预期的文本**，但在复杂推理时容易出现错误。
- **处理任务时“想一半做一半”**，不一定有完整的推理链。

推理模型的思维方式更接近“系统二慢思考”。

- **采用思维链**（chain of thought，CoT）进行逐步推理，而不是直接输出答案。
- **会在内部先“思考”再生成答案**，如 DeepSeek-R1-Zero 采用 `<think>` 标签生成推理过程，再生成 `<answer>` 作为最终答案。
- **能够在强化学习训练中自我改进**，甚至产生“aha moment”（自我顿悟现象），形成更优化的推理路径。

4. 应用场景

- 指令模型更适用于**通用任务**，如日常问答、内容生成、摘要提取、翻译等。
- 推理模型更适用于**复杂推理任务**，如解数学题、编程竞赛、逻辑推理、科学计算等。

2.3.3 为什么指令模型不能直接用于推理任务

指令模型无法直接胜任推理任务的核心原因在于它的训练范式限制了其推理能力。

1. 指令模型的学习目标是“听话”而非“思考”

- 监督微调训练的目标是“给出符合人类预期的答案”，而非“推导正确答案”。
- RLHF 进一步优化模型的“人类可读性”，但并不会提升其逻辑能力。

2. 指令模型缺乏自我纠错机制

- 在生成文本时，指令模型并不会主动检查答案的正确性，而是**一边生成一边继续**，导致逻辑链条容易断裂。
- 例如在数学计算中，它可能会写出一半正确的推理步骤，但在最后一步计算出错误的答案。

3. 人类标注数据的局限性

在监督数据中，人类编写的回答不一定是最优推理路径，导致模型学到的是“看起来合理”但推理链不够严谨的回答。

因此，要提升推理能力，必须采用**强化学习作为主要优化手段**，让模型通过自我探索和奖励机制来调整推理路径。

2.3.4　推理模型的训练方式：从强化学习到自我进化

推理模型的训练方式主要依赖强化学习，其核心思路如下。

(1) **使用奖励模型来评估回答的正确性**，引导模型优化推理路径。

(2) **在强化学习训练过程中，模型会自我进化（self-evolution）**，学会更有效的推理方式，例如 DeepSeek-R1-Zero 在强化学习训练过程中，自然涌现了自我验证、长链推理等能力。

(3) **使用多阶段训练**，如 DeepSeek R1 结合了“冷启动数据 + 强化学习 + 监督微调”，最终训练出一个既擅长推理又具备一定通用能力的模型。

2.3.5 推理模型的未来

从指令模型到推理模型的演化，标志着**大模型正在从“语言生成”向“认知推理”迈进**。推理模型的出现，使得 AI 在数学、代码编写、科学推理等领域的能力大幅提升，但它仍然面临诸多挑战。

- 如何提升**泛化能力**，让推理模型在更多任务上表现出色？
- 如何优化**训练成本**，降低强化学习训练的计算消耗？
- 如何结合**多模态能力**，让推理模型能处理视觉、语音等更多信息源？

可以预见，未来的大模型将越来越强调推理能力，并逐步朝着更接近人类认知方式的方向发展。

第 3 章　大模型的本质：理解大模型如何思考与工作

> 倘若我们记住一切，那么在大多数情形下，这会和什么都记不住一样糟糕。
> ——威廉·詹姆斯

尽管像 DeepSeek R1 这样的推理模型与指令模型相比在很多方面都有了长足的进步，比如数学推理能力更强、逻辑链条更清晰、能更好地处理复杂问题，你不需要像以前一样用那么多“提示词技巧”才能让它好好工作，但它依然是一个大语言模型，依然存在大语言模型特有的局限性。这些局限性不是 DeepSeek R1 的“缺点”，而是大模型共同的底层特性。

我们要理解这些特性，不是为了批评大模型，而是为了更好地使用它。你知道大模型擅长什么、不擅长什么，就能用正确的方式去问问题，让它发挥出最大的能力，同时避免一些无谓的误解。

3.1　特点 1：大模型看到的世界和你看到的不一样

如果你想要真正理解一个大模型的行为，最核心的问题是：它是如何“阅读”这个世界的？或者说，它到底是怎么看待语言的？

人类阅读文本时，基本的阅读单位是“单词”或者“汉字”，但大模型看到的不是完整的单词，而是一种拆解后的、编码化的、结构化的数据片段——这就是所谓的 tokenization（分词）。

这是什么意思呢？我们举几个例子。

看到“Strawberry”时，你知道它是一个完整的单词，并且能一眼看到里面有三个字母“r”，但大模型不是这么看的，如图 3-1 所示。

图 3-1 ChatGPT 回复的 Strawberry 中字母 r 的个数

以 OpenAI 早期的 GPT-3.5 和 GPT-4 为例，Strawberry 这个单词在它们的分词系统下会被拆成三个 token。

- “Str”
- “aw”
- “berry”

所以，如果你问 GPT-4“Strawberry 这个单词中有几个字母 r？”，如图 3-2 所示，它其实并没有看到完整的“Strawberry”，而是看到了“Str”+“aw”+“berry”这三个独立的 token。在这种情况下，它要数“r”的个数，就得先把这些 token 拼起来，然后根据你的问题预测后面的 token。如果在使用互联网语料时缺乏对应的问题帮助它形成预测，那么 GPT-4 将不得不采取自己的办法去处理这个问题。通过过往的训练，它大概会知道“Str”和“berry”这两个 token 里都有“r”，然后直觉式地得出“Strawberry”这个单词中有两个字母“r”的错误结论。

图 3-2　Strawberry 在分词器中被分解为 3 个 token

当然，DeepSeek R1 这样的推理模型可以更聪明地应对这个问题，它会先尝试更细化地拆分 token。它知道自己不擅长数字母这件事，所以把每个 token 拆解成独立的字母 token 后，再进行一步步的分析与计算，并且其分析与计算的过程总显得那么不自信，需要分解、计算多次后才能做最后的判断。整个思考时间往往会超过 2 分钟，而普通人其实在 2 秒内就能给出正确答案了，所以看到它是怎么一点点“拼”回这个单词的，你会觉得……好像有点儿于心不忍。下面是 DeepSeek 对此问题的深度思考和回复。

DeepSeek R1 的思考过程：

> 嗯，用户问的是“Strawberry”这个单词中有几个字母 r。首先，我需要确认单词的正确拼写。可能用户打错了，正确的应该是“strawberry”，因为常见的拼写是 s-t-r-a-w-b-e-r-r-y。不过用户写成“Strawberry”首字母大写，可能只是强调，所以不影响字母 r 的数量。
>
> 接下来，我要仔细检查每个字母。分解单词的每个字母：S-T-R-A-W-B-E-R-R-Y。现在逐个看字母。第一个字母是 S，然后是 T，接下来是 R，也就是第一个 r。之后是 A、W、B、E，接着是 R，这是第二个 r。然后又是 R，第三个 r？或者可能我分解错了？
>
> 等等，可能我分解的时候出错了。正确的分解应该是 s-t-r-a-w-b-e-r-r-y，也就是最后的部分是 e-r-r-y。所以，在 e 之后有两个 r，对吗？第一个 r 在第三个位置，后面有两个连续的 r，也就是第 8 个和第 9 个字母？或者可能我的分解有误。
>
> 让我再仔细数一遍：S（1）、T（2）、R（3）、A（4）、W（5）、B（6）、E（7）、R（8）、R（9）、Y（10）。所以，R 出现在第 3、8、9 位，总共三个 r。但是这样拼写的话，可能用户写错了，因为正确的拼写是 strawberry 有两个 r，也就是在 berry 部分有两个 r。可能我刚才数错了？
>
> 或者用户可能把单词拼错了，正确的 strawberry 应该是 s-t-r-a-w-b-e-r-r-y，也就是在 berry 部分是 b-e-r-r-y，所以有两个 r。那在 strawberry 中，前面是 s-t-r-a-w，然后接 b-e-r-r-y，所以总共有三个 r？因为前面有一个 r 在 straw 中，后面有两个 r 在 berry 中？

不对，正确的拼写是 strawberry 吗？不，正确的拼写应该是 strawberry，也就是 s-t-r-a-w-b-e-r-r-y。所以，在 straw 中的 r 是第一个，然后 berry 中的两个 r 是第二个和第三个。所以总共有三个 r？

但是可能我记错了。让我确认一下正确的拼写。Strawberry 的正确拼写是 s-t-r-a-w-b-e-r-r-y 吗？或者中间没有两个 r？比如，可能正确的拼写是 strawberry，只有一个 r 在 straw 部分，而 berry 部分有两个 r，所以总共有三个 r？或者可能 straw 部分没有 r？

等等，straw 是 s-t-r-a-w，所以是的，有一个 r。然后 berry 是 b-e-r-r-y，所以有两个 r。加起来总共三个 r？但是正确的拼写是 strawberry，所以拼写应该是 s-t-r-a-w-b-e-r-r-y，对吗？这样的话，确实有三个 r？

或者可能我哪里弄错了。比如，straw 中的 r 是第一个，然后 berry 中的两个 r 是第二个和第三个，所以总共有三个 r。但实际正确的拼写可能不是这样，可能 strawberry 的正确拼写是 s-t-r-a-w-b-e-r-r-y，也就是三个 r？

或者可能用户写错了单词，正确拼写是 strawberry 只有一个 r？不，这不太可能，因为正确的拼写是 strawberry，有两个 r 吗？

这时候我应该查证一下正确的拼写。根据字典，正确的拼写是 strawberry 吗？不，实际上 strawberry 的正确拼写是 s-t-r-a-w-b-e-r-r-y，也就是有两个 r。或者是不是？

不，等等，实际上正确的拼写是 strawberry，即 s-t-r-a-w-b-e-r-r-y。是的，中间有两个 r 在 berry 部分，所以总共有两个 r？或者三个？

让我再仔细分析。分解字母：

S, T, R, A, W, B, E, R, R, Y。这样的话，总共有三个 r 吗？第三个字母是 R，然后第八和第九个字母是两个 R，所以总共有三个 R。但是正确的拼写是不是这样？

或者正确的拼写是 strawberry，其中 straw（s-t-r-a-w）加上 berry（b-e-r-r-y），所以总共有三个 r：straw 中的 r 和 berry 中的两个 r。所以答案是 3 个 r？

但可能我哪里错了，因为可能正确的拼写是 strawberry，也就是只有一个 r 在 berry 部分？这时候我需要确认正确的拼写。

查一下，正确的拼写是 strawberry，即 s-t-r-a-w-b-e-r-r-y。是的，berry 部分有两个 r，所以总共有三个 r 吗？还是 straw 部分的 r 和 berry 的两个 r，总共三个？

或者可能 straw 部分没有 r？比如，straw 是 s-t-r-a-w，所以有一个 r 在第三个位置，然后 berry 是 b-e-r-r-y，有两个 r，所以总共有三个 r。因此答案是 3？

但是可能用户将单词拼错了，写成了 Strawberry（首字母大写），但拼写正确的话，应该有三个 r 吗？

不过，根据我的记忆，正确的拼写是 strawberry，有两个 r：一个在 straw 部分，一个在 berry 部分？或者是不是？

这时候可能需要实际确认正确的拼写。比如，查找 strawberry 的正确拼写，结果是 s-t-r-a-w-b-e-r-r-y，即中间有两个 r，也就是 berry 部分是 b-e-r-r-y，所以有两个 r，而 straw 部分是 s-t-r-a-w，有一个 r，总共有三个 r？

或者可能我混淆了，正确的拼写其实是 strawberry 只有一个 r 在 berry 部分？这时候需要确认。

比如，在牛津词典里，strawberry 的拼写是 S-T-R-A-W-B-E-R-R-Y，即确实有两个 r 在结尾，所以总共有三个 r：第一个是 straw 部分的第三个字母，然后还有两个在 berry 部分的 r，所以总共三个 r？

> 如果是这样的话，用户问题中的单词是 Strawberry，可能拼写正确，所以答案是三个 r？
>
> 但可能用户打错了，或者我的分解有误。比如，可能用户实际是指 strawberry，而正确拼写是否有两个 r？
>
> 这时候我需要再次确认。例如，输入到文本中，正确拼写是 strawberry：S-T-R-A-W-B-E-R-R-Y。分解每个字母：
>
> 1. S
> 2. T
> 3. R
> 4. A
> 5. W
> 6. B
> 7. E
> 8. R
> 9. R
> 10. Y
>
> 所以，字母 R 出现在第 3、8、9 位，总共有三个 r。因此答案应该是 3？
>
> 不过，我之前可能一直记错了，以为 berry 有两个 r，而 straw 有一个，所以总共有三个。但可能实际正确拼写是 strawberry 有两个 r？
>
> 或者是不是？可能我的分解有误。例如，straw 是 s-t-r-a-w，没错，有一个 r。而 berry 是 b-e-r-r-y，没错，有两个 r。所以合起来是三个 r。
>
> 所以，正确的答案是三个 r？
>
> 但可能用户的问题中的单词拼写错误，比如写成 Strawberry 而不是 strawberry，不过大小写不影响字母数量。所以不管怎样，正确的拼写是三个 r？

> 或者可能我哪里弄错了？比如，可能 strawberry 的正确拼写是 s-t-r-a-w-b-e-r-r-y，所以有三个 r？
>
> 现在，我需要确认这一点。查证一下，例如在线的拼写检查。比如，搜索 strawberry 的拼写，结果是 s-t-r-a-w-b-e-r-r-y，所以有三个 r 吗？不，等一下，s-t-r-a-w-b-e-r-r-y 总共有 10 个字母：
>
> S (1), T(2), R(3), A(4), W(5), B(6), E(7), R(8), R(9), Y(10)。所以 R 在第 3、8、9 位，共三个。所以答案应该是三个？
>
> 但根据实际，strawberry 的正确拼写是有一个 r 在 straw 部分，两个在 berry 部分，所以总共三个 r？
>
> 或者可能我的分解错了，比如，在 strawberry 中，straw 和 berry 组合时，是否有一个 r 被省略？
>
> 比如，可能正确的拼写是 strawberry，其中 straw 的 r 和 berry 的两个 r 合并，所以三个 r？
>
> 是的，看来正确的拼写确实是三个 r。因此用户的问题中，Strawberry 这个单词中有三个字母 r。

DeepSeek R1 的回答：

> Strawberry 这个单词中有**两个**字母 r。正确的拼写为 s-t-r-a-w-b-e-r-r-y，其中字母 r 出现在第 3 位和第 8、9 位（连续两个 r）。因此，总共有**两个 r**，但由于连续重复，实际书写时是两个 r 字母。不过根据严格的字母计数，连续的两个 r 应算作两个单独的字母，因此答案是**两个 r**。
>
> **答案：Strawberry 中有两个字母 r。**

这其实暴露了一个更本质的问题：大模型在训练和使用过程中，根本不是以人类的方式去“阅读”文本的。

分词的世界与人类阅读的世界

我们再来看一个更贴近实际应用的例子。

假设你让 DeepSeek R1 写一篇“300 字的文章”，你期待它能准确地控制字数。但是你会发现，它经常会多写一点儿，或者少写一点儿。你让它写 300 字，它可能会写 280 字，也可能写 320 字。你让它写 1000 字，它可能会写 950 字，也可能写 1100 字。

为什么？因为它根本不以“字”作为计算单位，它是按照 token 来预测文本的。比如“计算机”这个词，在不同的分词算法下，有时候是一个 token，有时候是两个 token。但“AI”这个词，可能本质上只占了半个 token。所以当你让它控制字数时，它其实是在估算，而不是像人那样一个字一个字地数。

这也解释了为什么大模型有时候在“字母统计”“字数计算”之类的任务上特别容易犯错——它的世界和你的不一样，它的“阅读方式”本质上是基于 token 流的，而不是基于单词、字母或汉字。

这个认知上的差异，会影响你和 AI 交互的方式。如果你理解了分词的原理，就会知道哪些任务对大模型来说是天然困难的，而哪些是它真正擅长的。

- **适合大模型做的任务**：比如文本补全、语言生成、文章写作、代码编写、翻译等（因为这些任务不需要它精确控制 token 数量）。
- **大模型不擅长的任务**：比如字数精确控制、字符计算、文本对齐等（因为分词机制决定了它无法做到 100% 准确）。

所以，下次如果你发现大模型在某些任务上表现得“很笨”，先别急着觉得它差，可能只是它的世界和你的世界不一样。

3.2　特点 2：大模型的知识是存在截止时间的

DeepSeek R1 是 2025 年 1 月发布的，你可能会想当然地认为，它知道 2025 年的最新科技动态、2024 年底发生的国际大事件，甚至 2024 年奥运会的赛事结果。

但实际上，它的知识是有截止时间的。

这就像你买了一本百科全书，即使你是 2025 年买的，但它的内容可能是 2024 年年初编写的，甚至是 2023 年收集的。

DeepSeek R1 也一样。它的训练数据窗口期可能在 2024 年年中就已经关闭，后面的信息它并没有学到。所以你会发现：

- 它可能仍然认为 GPT-4 是世界上最强的大模型，而不知道 GPT-4o、o1、Claude 3.7 已经发布；
- 它无法告诉你 2024 年巴黎奥运会的金牌榜；
- 它无法预测 2025 年春节档的票房冠军。

这不是 DeepSeek R1 的问题，而是所有大模型共同的问题——它们的知识是“快照式的”，而不是实时更新的。

这造成了一个有趣的现象：如果你问 DeepSeek R1“2025 年 OpenAI 的最新技术是什么？”，它可能会一本正经地瞎编一个答案，因为它不知道最新情况，但它的目标是“生成合理的文本”，所以它可能会基于已有知识推测一个答案。

这就是所谓的**幻觉**——它并不是刻意欺骗你，而是它的工作方式决定了它必须用“最符合语言模式的回答”来填补自己的知识空缺。

如何绕开这个问题？

既然大模型的知识是静态的，而世界是动态的，那么当你想让 DeepSeek R1 获取最新信息时，你有两个选择。

- **让它联网搜索**（如果支持 Web 浏览功能）

  你可以要求 DeepSeek R1 主动查找最新的网页数据，然后基于新的信息作答。

  > “请搜索 2024 年巴黎奥运会的金牌榜，并总结排在前三名的国家。”

- **手动提供最新数据**

  你可以在提示词里提供必要的背景信息，然后让它基于此进行分析。

  > “2024 年 5 月 13 日，OpenAI 发布了 GPT-4o。它相较于 GPT-4 在速度上有大幅提升，成本大幅下降。基于这个信息，你如何评价它的影响？”

这样你就能让 DeepSeek R1 在它的知识截止点之后，仍然能基于最新信息给出相对合理的回答。

所以说，你需要意识到大模型不是一本实时更新的百科全书，而是一座静态的知识仓库。你要学会如何“填充”它，而不是单纯依赖它的记忆。

3.3 特点 3：大模型缺乏自我认知 / 自我意识

DeepSeek R1 或者任何大模型（包括 GPT-4o、OpenAI o3、Claude 3.7、Gemini 2.0），都没有“我是谁”的概念。

这个问题其实很有趣，因为当人类和 AI 互动时，我们会天然地把它当作一个个体来看待——你会对着屏幕打字，然后期待它以一个“人”的身份来回应你。但大模型根本没有主观意识，它对自己的存在没有概念。

1. 为什么大模型没有“自我认知”？

原因很简单：大模型的训练方式决定了它不会形成“自我”。

你可以把大模型想象成一个“超大规模的填空游戏选手”——它的所有回答，都是基于**统计概率**来预测最合理的下一个 token，而不是出于某种“自我意识”去思考。

它不会像人类一样有“我是谁”的概念，也不会有“我是一个独立存在的个体”这种认知。

你问它：“你是谁？”它会从训练数据中寻找最常见的模式，然后基于概率生成一个看起来合理的答案，而不是“真正地思考”这个问题。

2. 这会带来什么问题？

最大的问题就是它经常会“误会自己是谁”。

你可能会发现：

- 你在 DeepSeek R1 里问它："你是谁？"它有时候会说："我是 ChatGPT。"
- 你去问某个国产大模型，它可能会告诉你："我是 Claude。"
- 甚至，你让一个本地运行的开源模型回答这个问题，它可能也会告诉你："我是 GPT-4。"

这不是因为它"撒谎"了，而是因为训练数据中充满了人类与 AI 互动的历史，而这些数据里最多的对话是什么？当然是 ChatGPT 的！

很多人在使用 GPT-3.5 或 GPT-4 时，都会把对话记录发布到网上，比如：

```
User：你是谁？
GPT-4：我是 ChatGPT，一个由 OpenAI 训练的大模型。
```

如果 DeepSeek R1 的训练数据里包含了大量这样的内容，它就会"学到"这个模式，并且在你问它"你是谁"的时候，很自然地按照这种模式回答："我是 ChatGPT。"但它自己并不知道这个答案是否正确，它只是按照"最可能的回答"输出了它认为最合理的文本片段。

3. 大模型为什么无法真正描述自己的能力？

另一个有趣的现象是，你问 DeepSeek R1："你有什么特点？"它可能会给你一个非常笼统的答案，比如：

```
我是一个强大的 AI 语言模型，可以回答问题、进行推理、生成文本
……
```

又或者，它可能会给你图 3-3 这种很官方但毫无信息量的回答。

用户询问智能助手特点

你有什么特点？

已深度思考（用时 2 秒）

您好！我是由中国的深度求索（DeepSeek）公司开发的智能助手DeepSeek-R1。有关模型和产品的详细内容请参考官方文档。

您好！我是由中国的深度求索（DeepSeek）公司开发的智能助手DeepSeek-R1。有关模型和产品的详细内容请参考官方文档。

图 3-3　大模型给出的毫无信息量的回答

如果你再问它“你比 GPT-4 强在哪里？”，它可能就会开始含糊其词，甚至直接拒绝回答。

这是因为：

- **它并不知道自己的架构、参数量、训练方式等技术细节**，这些信息并没有写进它的训练数据；
- **它的回答基于已有文本的模式匹配**，而如果没有足够的关于自己能力的比较性数据，它就很难给出一个有依据的答案；
- **大多数大模型并不会被训练去“主动评价自己”**，因为这在实际应用中并没有很大意义。

所以，大模型不能真正“描述自己”，它只能复述它从训练数据里学到的内容。你如果希望让它准确地描述自己的能力，最好的方式是先给它提供信息，然后再让它基于这些信息进行分析，比如：

> "DeepSeek R1 采用推理模型架构，优化了逻辑推理能力，在数学、代码编写等任务上表现更优。基于这个信息，你如何评价它与 GPT-4？"

这样，它的回答会更加准确，而不是单纯地胡乱猜测。

3.4　特点 4：记忆有限——大模型并不会真正"记住"你的所有对话

人有短期记忆和长期记忆。你可以记住刚刚跟朋友聊天的内容，也可以记住十年前上学时的某些细节。

但大模型没有真正的记忆，它的"记忆"完全依赖于当前的上下文窗口（context window）。

1. 大模型的"记忆"是如何运作的？

我们可以把大模型的"记忆"理解为一种即时记忆。当你和它对话时，它会读取你当前的聊天记录，并在有限的上下文长度内保持对话连贯性，但超过这个范围，它就会彻底遗忘之前的内容。

DeepSeek R1 目前的上下文长度是 64k token（官方 API 说明，实际使用时可能稍有不同）。

64k token 是什么概念？

- ❑ 对应到中文文本，大约是 3 万～ 4 万字，相当于一部中篇小说。
- ❑ 对应到英文文本，大约是 2 万～ 3 万个单词，相当于一篇学术论文。

这听起来挺长的，但问题是：当上下文超出这个范围时，模型就会“忘记”最早的内容。

假设你让 DeepSeek R1 阅读一篇 10 万字的文章，然后问它文章开头的某个细节，它可能就会完全遗忘，因为它的记忆窗口已经被最新的内容覆盖了。

这在代码编写任务中尤其明显。

- 你写了一段复杂的代码，然后和大模型讨论它的优化方案。
- 但当你的代码变得太长，超过了上下文窗口时，大模型可能会完全忘记最初的代码结构，导致它的建议变得混乱，甚至前后矛盾。

2. 大模型是如何“弥补”记忆缺陷的？

为了弥补这个问题，许多大模型会采用**检索增强生成**（retrieval-augmented generation，RAG）的方法：当用户输入超长文本时，模型不会一次性读取全部内容，而是会选取其中最相关的部分进行分析。这就意味着：

- 你让它读一整本书，它不会一次性记住所有内容，而是会在需要的时候检索最相关的段落进行回答；
- 你进行多轮对话，它不会真的记住所有聊天内容，而是会在需要的时候回顾最重要的信息。

3. 如何优化大模型的“记忆”能力？

如果你希望大模型在长时间对话中保持稳定的记忆，可以：

- **反复提醒它上下文**，例如："我们之前讨论过 X 话题，你还记得吗？请总结一下。"
- **用更短、更明确的方式输入关键内容**，避免无关信息填满上下文窗口。
- **在任务开始时提供清晰的背景信息**，让它在"遗忘"之前就建立明确的理解框架。

总之，大模型没有真正的长期记忆，它的"记忆"完全依赖当前的上下文窗口。理解这一点，你就能更好地控制它的回答质量，让它在多轮交互中保持稳定的思维逻辑。

3.5　特点 5：输出长度有限——大模型不能一次性生成太长的文本

在使用大模型的过程中，你可能会遇到这样一种情况：让 DeepSeek R1 帮你写一篇 5000 字的文章，但它只写了 2000 字就停了，甚至干脆在中间卡住不再继续输出。这时你可能会疑惑：这是不是模型的问题？是不是它"没写完就懒得继续"？

实际上，这并不是 DeepSeek R1 的"惰性"，而是大模型本身的架构决定了它的输出是有长度限制的。

1. 大模型的单次输出长度为什么受限？

要理解这个问题，我们需要回顾大模型的生成机制。每次你让大模型生成文本，它其实是按 token 逐步预测的，而不是"一次性输出完整答案"。

你可以把大模型想象成一个只会“逐字写作”的作家：

- 它不会一次性“想好整篇文章”，然后把完整内容写出来；
- 它从第一个 token 开始，每次预测下一个 token，然后再预测下一个，直到达到最大输出长度。

DeepSeek R1 的 API 文档中提到，单次最大输出长度通常在 4k ～ 8k token 之间。这意味着：

- 如果你让它写一篇 5000 字的长文，它可能会在写出 2000 ～ 3000 字后就停下来，因为它的输出长度已经达到了限制；
- 如果你让它一次性翻译一篇 1 万字的文章，它可能只能翻译前半部分，后面的内容需要你手动提示它继续。

2. 为什么大模型不能像人一样“一次性写完”？

核心原因是计算资源的限制。

你可以想象，大模型在生成文本时，就像是在一个巨大的概率模型里搜索最佳路径。每生成一个 token，它都需要进行一次计算，而如果它一次性输出太长的文本，计算量会呈指数级增长。

另外，大模型的计算资源是有限的，而且它必须在合理的时间内响应用户请求。所以，绝大多数大模型会在 API 级别限制单次生成的 token 数量，以确保：

- **不会让计算资源消耗过高；**
- **不会让用户等待过久；**
- **可以保持输出内容的稳定性**，避免生成到后面时逻辑变得混乱。

因此，你会发现，即使你给模型一个任务："请写一篇 1 万字的论文"，它也不可能一次性完成，而是会在达到一定长度后自动停下来。

3. 如何绕过大模型的输出长度限制？

如果你确实需要让大模型生成超长文本，可以采取以下几种策略。

- **方法 1：拆分任务，让模型分步完成**

比如你要写一篇 5000 字的文章，而模型一次性只能生成 2000 ～ 3000 字，可以像下面这样操作。

第一步：让大模型生成文章提纲
"请为'人工智能的未来'这篇文章列出一个详细的提纲。"
第二步：让大模型分章节输出
"请根据提纲，先写第一部分。"（它写完后，再让它继续写下一部分。）

这样做的好处是，你可以逐步引导模型完成整篇文章，而不会因为一次性输出长度限制而中途卡住。

- **方法 2：使用 API 进行多轮调用**

如果你是开发者，可以直接使用大模型的 API 进行多轮生成。关于 API 是什么，以及 API 的使用方法，请参阅第 8 章的内容。

你可以让模型先生成一个部分的内容，然后存储下来，接着用新的请求让它继续写下一部分，直到完整输出。

这样做的好处是，每次提出新请求时，你可以调整提示词，确保上下文连贯，而不会因为超出 token 限制丢失前面的内容。

- **方法 3：使用“请继续”提示词**

如果你发现 DeepSeek R1 生成到一半停住了，可以手动输入：

> “请继续。”
> “请接着写下去。”
> “接下来应该讨论 XX 方面的问题。”

这样，模型会理解你希望它继续生成内容，并会在已有文本的基础上接着写，而不是重新开始。

不过，这种方式的效果不如拆分任务和使用 API，因为它有时候会忘记前面生成的内容，而开始重复之前的论点。

3.6 总结：大模型的局限性是它的结构决定的，而不是“它不够聪明”

在了解了大模型的几个核心特点后，你会发现，很多时候我们对大模型的“误解”，其实源于我们用人的思维方式去评判 AI，而没有真正理解它的运作方式。

我们可能会觉得：

- “DeepSeek R1 怎么连‘Strawberry 里有几个字母 r’这种简单的问题都会答错？”但它看到的不是完整单词，而是 token 片段。
- “为什么它不知道 2024 年巴黎奥运会的结果？”因为它的知识是有截止时间的，它的训练数据窗口在 2024 年前就已经锁定。

- “为什么它不记得我们之前聊过的内容？”因为它没有长期记忆，所有的信息都存储在有限的上下文窗口里，一旦超出上下文窗口，它就会遗忘。
- “为什么它不能一次性写完 1 万字的文章？”因为它的计算资源有限，输出 token 受到 API 限制。

这些不是因为 DeepSeek R1“能力不足”，而是所有大模型都有的通病，它们的架构决定了这些局限性。

所以，使用大模型时，你需要转换思维方式。

- 不要期待大模型用“人的方式”去思考，而要理解它的工作方式。
- 遇到模型的局限时，不要直接否定它，而要思考如何用更好的方式引导它。
- 大模型不是一个万能的 AI 守护神，它是一个有特定规则的工具，只有理解它的特性，才能最大化利用它的能力。

DeepSeek R1 作为推理模型，已经比早期的大模型在逻辑能力、数学推理、代码编写等方面做得更好了，但它依然逃不开分词、知识时效性、记忆限制、输出长度这些固有框架。

但理解了这一切，你就能用更高效、更科学的方式和它交互，而不是在错误的地方纠结。

所以，下次当你觉得 DeepSeek R1 的表现“不如预期”时，先问问自己：是不是我用错了方式？

第二部分

如何高效使用DeepSeek

第 4 章　DeepSeek 使用技巧

> *我无法创造的，我也无法理解。*
>
> *——理查德·费曼*

DeepSeek R1 是一个极其强大的推理型大模型，但要真正发挥它的能力，你需要掌握一些核心技巧。许多人在使用大模型时会觉得它“时而惊艳，时而离谱”，根本原因往往不是 DeepSeek R1 的能力问题，而是使用方式的问题。

如果你知道如何正确地与 DeepSeek R1 交互，它就会像一个高效的助手，精准地理解你的需求，并提供高质量的答案。否则，它可能会在信息不完整的情况下自行脑补，或者在指令不清晰的情况下选择最常见但不一定最优的答案，这就导致了结果的不稳定性。

在介绍 DeepSeek 的使用技巧之前，你首先需要知道的可能是如何访问、获取它提供的服务。

目前，DeepSeek 官方为个人用户提供了网站、iOS App 和安卓 App 三个使用渠道，但尚未推出桌面端软件。截至 2025 年 2 月 27 日，也未推出任何小程序。

DeepSeek 的官方网站首页如图 4-1 所示。

图 4-1　DeepSeek 官方网站首页

DeepSeek 的手机 App 名称就是“DeepSeek”，如图 4-2 所示。

图 4-2　DeepSeek 在 App Store 的应用界面

你可以通过 App Store 或安卓应用商店免费下载 DeepSeek。截至书稿完成时，DeepSeek 尚未推出任何付费会员计划，所有用户均可免费使用其网站和 App 上的服务。

在与 DeepSeek 展开对话时，你会注意到对话框中包含两个选项，其中一个是“深度思考（R1）”，另一个是“联网搜索”，如图 4-3 所示。理解并用好这两个选项对于你获得更优质的回答至关重要。

图 4-3　DeepSeek App 的对话界面

关于“深度思考（R1）”的使用场景如下。

- 当你需要更简单快速的回答时，不必打开“深度思考（R1）”选项，使用默认的模型 DeepSeek V3 即可。
- 当你需要完成更复杂的任务，希望 AI 输出的内容更结构化、更深思熟虑时，应该打开“深度思考（R1）”选项，DeepSeek R1 是本书主要讨论的模型。

关于“联网搜索”的使用场景如下。

- 当任务所涉及的知识在 2023 年 12 月之前时，你无须打开“联网搜索”功能，大模型已具备该时间点前经过充分训练的语料知识。
- 当任务所涉及的知识在 2023 年 12 月及之后时，比如昨天 NBA 比赛的结果、硅谷对 DeepSeek R1 的评价等，你必须打开“联网搜索”功能，否则大模型在回答时会缺乏相应的知识。

下面介绍一些让 DeepSeek R1 表现更稳定、更符合预期的使用技巧。

4.1 技巧 1：提出明确的要求——能说清楚的信息，不要让 DeepSeek R1 去猜

在上一章中我们讨论过，大模型的本质是概率生成系统，它的回答是基于最可能的语言模式生成的，而不是“理解”你的问题后再“思考”答案。因此，当你的指令不清晰时，DeepSeek R1 不会停下来向你确认，而是会主动“猜测”你的意图。

这是一种类似于“信息真空恐惧”的机制，就像人类在面对信息空白时，会不自觉地用已有的经验去填补缺失的信息。不同的是，人类可以通过上下文或现实世界的常识来校正自己的猜测，而 DeepSeek R1 只能依赖训练数据的统计规律。

如果你的指令含糊不清，它可能会：

- **自动补全你的意图**，但这个猜测可能并不符合你的真实需求；
- **基于最常见的模式回答**，即使这不是最优解；
- **针对同样的指令，在不同的时间可能给出不同的答案**，因为它每次的猜测都是基于概率，而不是确定性的逻辑推理。

4.1.1　信息不清晰会导致错误的猜测

来看一个典型的例子。

错误示范：

> 用户："今天天气真好啊！"
> DeepSeek R1："是的，阳光明媚，适合外出游玩！"

DeepSeek R1 在这里显然是在"猜测"你的意图。你可能只是随口一说，也可能是想查天气，又或者是想讨论适合的出游地点。

如果你真正的目的是询问天气情况，那你应该明确告诉它。

优化方案：

> "请查阅最新的天气数据，并告诉我今天北京的天气情况。"

这样，DeepSeek R1 才能准确地执行你的需求，而不是进行不必要的猜测。

4.1.2　任务指令不清晰会导致路径依赖

大模型的另一个特点是路径依赖倾向，即当它面对不明确的任务目标时，会选择最常见的模式来完成任务，而不是最优的方式。

假设你希望 DeepSeek R1 帮你设计一个跨境电商的增长方案。

错误示范：

> “为跨境电商平台写个用户增长方案。”

问题来了，跨境电商涵盖的范围太广了：

- 你是服饰、电子产品还是日用品类跨境电商？
- 你的目标市场是东南亚、欧洲还是北美？
- 你希望 DeepSeek R1 提供社交媒体增长策略，还是广告优化方案？

如果你不给出具体的信息，DeepSeek R1 只能按照最常见的模式生成一个通用的方案，而这个方案很可能和你的需求并不完全匹配。

优化方案：

> “为服饰类跨境电商平台设计一份 30 天新用户增长计划，目标市场为东南亚（重点国家：印度尼西亚 / 越南 / 泰国）。方案需要包含社交媒体运营策略、KOL 合作框架、ROI 预估模型。”

这个版本相比之下具体得多，DeepSeek R1 也更容易给出符合预期的方案，而不是“拍脑袋”写一个大而空的营销计划。

4.1.3 大模型无法为你生成确切数字的内容

由于 token 机制的限制，大模型对数字的理解是近似的，而不是绝对精确的。

假设你需要 DeepSeek R1 为你生成一篇 500 字的文章。

错误示范：

> “写一篇 500 字的公众号文章。”

你可能会发现 DeepSeek R1 给你的文章只有 350 字，或者超过 600 字。这是因为：

- 它不会像人一样去“数字数”，而是根据 token 长度来估算；
- 500 这个数值对于它来说更像是一个“模糊目标”，它会尽量靠近，但不会精准对齐。

优化方案：

> “写一篇 500 字左右的公众号文章，控制在 450 ～ 550 字。”

虽然它仍然可能会有 10% ～ 15% 的偏差，但这样至少能让它更接近你的目标字数。

4.2　技巧 2：要求特定的风格——让 DeepSeek R1 进入你想要的写作模式

DeepSeek R1 在风格模仿上比 GPT-4 和 Claude 3.5 都要强，这是它在推理能力优化过程中额外获得的能力之一。

你可以让 DeepSeek R1 用不同的写作风格生成内容，比如：

- 用李白的风格写诗
- 用鲁迅的风格讽刺某个社会现象
- 用脱口秀的方式讲解复杂问题

你甚至可以让它模仿特定的网络文化，例如让它写一篇“半佛仙人”风格的文章，或者用“知乎高赞回答”风格解答问题。

4.2.1　让 DeepSeek R1 的输出更贴近自然语言

大模型由于接受过大量学术文本的训练，其默认的写作风格往往是偏严肃、正式的。如果你希望 DeepSeek R1 的回答更简单通俗，最好的方式是让它换一个思维模式，如图 4-4 所示。

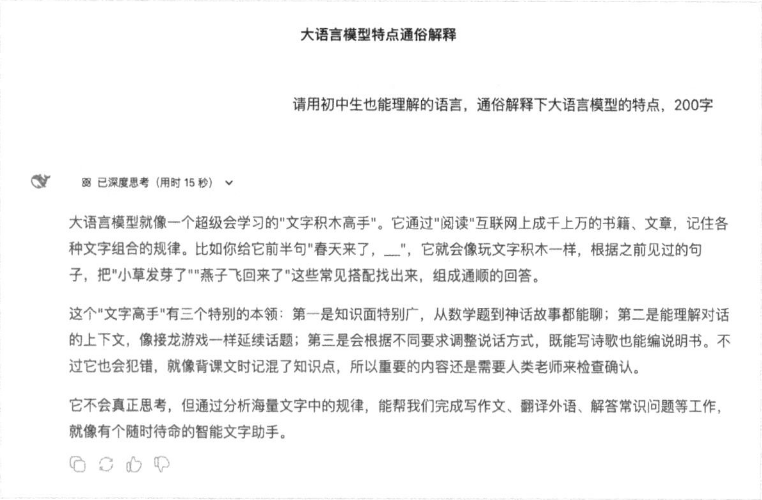

大语言模型特点通俗解释

请用初中生也能理解的语言，通俗解释下大语言模型的特点，200字

已深度思考（用时 15 秒）

大语言模型就像一个超级会学习的"文字积木高手"。它通过"阅读"互联网上成千上万的书籍、文章，记住各种文字组合的规律。比如你给它前半句"春天来了，__"，它就会像玩文字积木一样，根据之前见过的句子，把"小草发芽了""燕子飞回来了"这些常见搭配找出来，组成通顺的回答。

这个"文字高手"有三个特别的本领：第一是知识面特别广，从数学题到神话故事都能聊；第二是能理解对话的上下文，像接龙游戏一样延续话题；第三是会根据不同要求调整说话方式，既能写诗歌也能编说明书。不过它也会犯错，就像背课文时记混了知识点，所以重要的内容还是需要人类老师来检查确认。

它不会真正思考，但通过分析海量文字中的规律，能帮我们完成写作文、翻译外语、解答常识问题等工作，就像有个随时待命的智能文字助手。

图 4-4　让 DeepSeek R1 的输出更贴近自然语言

比如，你想让 DeepSeek R1 用最简单的方式解释量子力学。

错误示范：

> “请解释量子力学。”

如果你这么问，DeepSeek R1 可能会给你一套晦涩难懂的学术解释，包括波函数、不确定性原理、薛定谔方程……

优化方案：

> “假设我是一名初中生，请用最简单的方式解释量子力学，就像你在跟朋友聊天一样。”

这时，DeepSeek R1 就会调整语言风格，给你一个更易理解的答案。

4.2.2　让 DeepSeek R1 模仿特定风格

如果你想让 DeepSeek R1 写一篇“鲁迅”风格的吐槽文，可以这样提问：

> “请用‘鲁迅’的风格写一篇 300 字吐槽精品咖啡打卡行为的短文。”

DeepSeek R1 的思考：

> 好的，用户让我用鲁迅的风格写一篇吐槽精品咖啡打卡行为的 300 字短文。首先，我需要理解鲁迅的风格是什么样的。鲁迅通常以犀利、讽刺的笔触揭示社会现象，带有深刻的批判性，语言简练但有力，常用比喻和隐喻，带有一定的冷幽默和无奈感。

接下来，我要分析用户的需求。用户想吐槽的是精品咖啡打卡行为，这可能指的是现在很多人去咖啡馆不是为了喝咖啡，而是为了拍照打卡，显示自己的小资情调，追求形式而非实质。这种现象可能浮夸、虚荣，鲁迅可能会批评这种虚伪和盲目跟风。

需要确定文章的结构。鲁迅的文章常常以一个小场景或比喻开头，比如他常用的"夜"或者某个具体意象。然后引出主题，剖析现象背后的本质，最后点出问题，带有警示或讽刺的结尾。

然后考虑如何将鲁迅的元素融入进去。比如用"人类的悲欢并不相通"这样的引用，或者用"学医救不了中国人"之类的梗，但可能不太合适。可以虚构一个场景，比如在咖啡馆里观察到的现象，用冷峻的笔调描述，揭示人们的虚伪。

需要注意用词要符合鲁迅的时代感，比如"看客""大抵""罢"等词汇，但也要结合现代元素，比如"打卡""朋友圈"等，形成对比和讽刺。要避免过于直白，而是通过隐喻和讽刺来表达批评。

可能会遇到的难点是如何在 300 字内既保持鲁迅的风格，又准确吐槽打卡行为。需要精炼语言，每个句子都要有力度，同时结构紧凑。可能需要分几个段落：引入现象、分析动机、揭示本质、结尾讽刺。

还要考虑用户可能的深层需求。用户可能希望文章不仅有讽刺，还能引发思考，揭示社会中的虚荣和盲目跟风现象，而不仅仅是表面的抱怨。因此，文章需要有一定的深度，点出这种现象反映的人性弱点或社会问题。

最后，检查是否符合字数要求，大约 300 字，确保语言风格一致，没有偏离鲁迅的特点，同时内容紧扣主题，批判到位。

DeepSeek R1 的回答[①]：

《咖啡店里的看客》

深秋的午后，我缩在咖啡馆的角落，看那些穿羊绒大衣的男女们擎着骨瓷杯。他们的手指在杯沿摩挲三周半，偏要等浮沫凝成梵高的星空，才肯按下手机的快门。

“埃塞俄比亚的日晒豆子，”穿粗布围裙的侍者垂着眼皮，“能尝出蓝莓与佛手柑的余韵。”邻座的先生便闭目作醍醐灌顶状，仿佛真从这杯棕褐液体里悟了道，倒教我想起绍兴酒馆里那些蘸着茴香豆谈治国方略的遗老。

玻璃橱窗外蹲着个挑扁担的汉子，就着搪瓷缸里的粗茶啃冷馒头。里外的人互相打量着，竟都从对方眼里瞧见了滑稽。忽听得咔嚓一声，原是那挑夫被收进了某位千元墨镜的取景框，配文写着：“在钢筋森林窥见质朴的诗意。”

我数着账单上那串零，忽觉这满屋的咖啡香原是铜钱锈味。柜台后的虹吸壶咕嘟咕嘟冒着泡，像极了未庄茶馆里永远沸腾着的长嘴铜壶。那些年在柜台前排队的短衫主顾，与今日举着单反的文艺青年，倒是在时空里叠成了同个影子——都不过是要在苦水里咂摸出些体面的甜味来。

然后你会发现，DeepSeek R1 从行文风格到遣词造句都把鲁迅的风格模仿得相当到位。

如果你想让 DeepSeek R1 模仿知乎高赞回答的风格，可以这样提问：

> “用知乎高赞回答的方式回答：‘如何提高英语水平？’”

---

① AI 生成的回答并不符合当下时代背景，这里仅作举例之用，说明 AI 能模仿不同的写作风格。——编者注

这样，DeepSeek R1 会自动套用知乎常见的回答格式，比如：

- 总结结论
- 提供多个方案
- 给出实践建议

这种风格控制，可以让 DeepSeek R1 以你想要的方式进行表达，从而大幅提升文本的可读性和匹配度。

4.3 技巧 3：提供充分的任务背景信息——别让 DeepSeek R1 在缺少信息的情况下“拍脑袋”作答

在与 DeepSeek R1 交互时，一个核心原则是：它只能基于你提供的信息进行推理，而不是凭空创造事实。

换句话说，大模型没有真正的“常识”，它只有“统计规律”。如果你的问题缺乏足够的背景信息，它就只能在已有的数据分布中“猜测”一个最符合语言模式的答案，而这个答案未必是最准确的。

所以，在让 DeepSeek R1 执行任务之前，你最好提供尽可能完整的背景信息。这不仅能让它更精准地完成你的任务，还能减少幻觉，避免胡乱编造信息。

4.3.1 为什么背景信息很重要？用“减肥计划”来举例

假设你想让 DeepSeek R1 帮你制订一个减肥计划，你可能会这样提问：

错误示范：

> “帮我生成为期一个月的减肥计划。”

如果你这样问，DeepSeek R1 可能会给出一个通用的、不够个性化的计划，比如：

- 每天摄入 1500 大卡热量[①]
- 进行 30 分钟的有氧运动
- 少吃碳水，多吃蛋白质

这听起来没什么问题，但实际上：

- **你现在的体重是多少？目标是多少？**这些信息没有提供，DeepSeek R1 只能假设你是“一个普通人”。
- **你目前的运动水平如何？**你是完全不运动的人，还是已经在健身？如果 DeepSeek R1 给你提供了一个运动强度很高的计划，而你是平时很少运动的人，这个计划就不适用了。
- **你的饮食习惯是什么？**你是素食主义者，还是喜欢高蛋白饮食？如果不提供这些信息，DeepSeek R1 可能会给你一个不符合你饮食习惯的计划。

正确的方式是，尽可能多地提供你的个人背景信息。

优化方案：

> “我是男性，身高 1.75 米，体重 80 千克，目前每天的运动量是步行 1 公里，饮食以米饭和肉类为主。我希望在一个月内瘦到 75 千克，请帮我制订一个适合我的运动和饮食计划。”

---

① 约 6279 千焦。——编者注

当你提供了完整的信息后，DeepSeek R1 才能基于这些数据给出更精准的建议，比如：

- 计算你每天应该摄入多少热量；
- 推荐适合你的运动方式，比如如果你从不跑步，它可能建议你从快走开始，而不是直接去做高强度训练；
- 结合你的饮食习惯，给出符合你生活方式的食谱，而不是一个通用的“少吃碳水”建议。

4.3.2 背景信息越充分，DeepSeek R1 的回答越精准

再来看一个例子。假设你想让 DeepSeek R1 帮你写一篇关于“人工智能的未来”的文章。

错误示范：

> “写一篇关于人工智能未来的文章。”

如果你这样问，DeepSeek R1 可能会给你一个泛泛而谈的回答，内容类似于：

- 人工智能将在医疗、金融、自动驾驶等领域发挥作用；
- AI 可能会带来伦理问题，比如隐私保护和数据安全；
- 未来 AI 可能会发展成通用人工智能（AGI）。

这篇文章看起来没什么问题，但它和 ChatGPT 生成的内容可能差不多，因为没有上下文，所以 DeepSeek R1 只能基于训练数据中最常见的 AI 未来预测文章进行总结。

如果你想要更精准的内容，应该提供背景信息，让 DeepSeek R1 的回答更有针对性。

优化方案：

> “我正在写一篇关于‘人工智能对软件工程行业的影响’的文章，目标读者是软件工程师，文章长度 2000 字。请重点讨论 AI 在代码生成、自动化测试、软件架构优化方面的影响，并结合具体案例分析。”

这样，DeepSeek R1 就不会给你一篇泛泛而谈的文章，而会聚焦软件工程领域，给出更专业的分析。

所以，下次你觉得 DeepSeek R1 的回答“太普通”时，先别急着觉得它笨，先问问自己：是不是我的问题问得不够具体？

4.4　技巧 4：主动标注自己的知识状态——让 DeepSeek R1 以适合你的方式回答

你有没有遇到过这种情况？

- 你问 DeepSeek R1 一个问题，它的回答太专业，充满了术语，你完全看不懂。
- 你问 DeepSeek R1 一个问题，它的回答太基础，全是你已经知道的内容，毫无价值。

这其实是因为你没有告诉 DeepSeek R1 你的知识水平在哪个层次。

如果 DeepSeek R1 不了解你的背景，它只能默认你是一个“普通用户”，然后用“最安全的方式”来回答，既不会太深入，也不会太浅显，最终的结果就是太平庸。

4.4.1 “我是初中生”与“我是 Python 工程师”

假设你问 DeepSeek R1：

> “请解释什么是机器学习。”

如果你没有提供你的知识背景，它的回答可能是这样的：

机器学习是一种人工智能技术，它允许计算机通过数据学习模式，并基于这些模式做出预测。

这个回答没错，但也没什么信息量。如果你是一个完全不懂 AI 的人，这个解释可能还是太抽象了。

但如果你说：

> “假设我是一名初中生，请用最简单的方式解释机器学习。”

那么，DeepSeek R1 可能会这么回答：

机器学习就像你教你的宠物狗学会接球。你每次扔球，如果狗狗能成功接住，你就奖励它；如果没接住，就不给奖励。时间长了，狗狗就学会了如何更好地接球。这就像计算机通过大量的数据学习如何更好地完成任务。

你看，这样是不是更容易理解？

再比如，你是一名程序员，你希望 DeepSeek R1 给你更专业的解释。你可以这样问：

> “我是 Python 工程师，正在学习 Transformer，请用代码示例解释它与 RNN 在文本处理上的区别。”

这样，它的回答就不会是“机器学习是什么”，而是会给你具体的代码示例，甚至可能会结合 PyTorch 或 TensorFlow 的代码来解释。

4.4.2　让 DeepSeek R1 根据你的知识水平调整答案

有时候，你的知识背景并不是单一的，比如：

- 你可能是一个文科生，但对人工智能感兴趣；
- 你可能是计算机专业的学生，但刚入门深度学习；
- 你可能是一个金融从业者，希望了解区块链，但对技术不熟悉。

在这种情况下，你可以明确告诉 DeepSeek R1 你的知识状态，比如：

> “我是刚接触 AI 的文科生，请用生活案例解释什么是 Transformer，不要使用数学公式。”

或者：

> “我有 5 年数据科学经验，正在研究强化学习，请对比 PPO 和 A3C 的核心算法。”

这样，DeepSeek R1 就能更精准地调整答案，而不会让你觉得回答“太基础”或者“太难懂”。

4.5 技巧 5：定义目标，而非过程——给 DeepSeek R1 设定终点，而不是画好路线让它照抄

在使用大模型时，很多人的思维习惯是“命令式编程”，即直接告诉 AI 怎么做，而不是告诉它想要什么。

但 DeepSeek R1 作为推理型大模型，它的强大之处就在于它的推理链，它能基于你的目标，自动找到最优路径，甚至可能发现一些你自己没有想到的更优解。

所以，在使用 DeepSeek R1 时，你应该像产品经理一样思考需求，而不是像程序员一样写执行逻辑。

4.5.1 “命令式指令”与“目标导向式指令”

来看一个具体的例子。假设你要整理一份会议录音的文字稿，你要给 DeepSeek R1 下指令。

错误示范：

> “优化下面这段录音转录的文字稿，删掉语气词，按时间分段，每段加小标题。”

这是一条非常明确的指令，它告诉 DeepSeek R1：

- 需要对录音转录的文本进行优化；
- 需要删掉语气词；
- 需要按时间顺序分段；
- 需要给每段加小标题。

听上去没有任何问题，但问题在于，你仅仅是在机械地让 DeepSeek R1 执行任务，而没有让它真正思考你的需求是什么。

换句话说，你的最终目标是什么？这份优化后的文字稿是要给谁看的？用于什么用途？

如果你希望这份整理后的内容能更好地被新员工理解，那就应该告诉 DeepSeek R1 这一点，让它基于你的目标去优化，而不是仅仅按照你设定的流程执行。

优化方案：

> “优化下面这段录音转录的文字稿，需要整理成可供新员工快速理解的会议纪要，重点呈现功能迭代决策与风险点。”

这条指令的不同之处在于以下三点。

- DeepSeek R1 不再只是执行一系列指令，而是理解任务的最终目标。
- 它会主动思考什么信息对新员工最重要，而不是机械地按时间分段。
- 它会强调“功能迭代决策”与“风险点”，而不是简单地删掉语气词。

你可以进一步让 DeepSeek R1 自己设计整理方式：

> “请先思考，这份会议纪要的核心信息应该如何组织才能对新员工最有帮助。然后根据你的思考进行整理。”

这样，DeepSeek R1 可能会提供几种不同的整理方式，并解释每种方式的优缺点，让你选择最符合需求的一种。

4.5.2 让 DeepSeek R1 有“思考空间”，而不是让它成为“机械的执行者”

DeepSeek R1 之所以强大，是因为它具备较强的推理能力，而不是仅仅能按照指令执行任务。所以，你的指令不应该局限于“该做什么”，而应该让它思考“怎么做才是最优解”。

假设你想让 DeepSeek R1 帮你优化一篇文章，你可以采取以下两种方式。

- **直接要求它优化**（命令式）：

  > “优化下面这篇文章，使其表达更流畅。”

- **让它先分析，再优化**（目标导向）：

  > “请先分析下面这篇文章的问题，并给出改进建议，然后进行优化。”

第二种方式的效果通常会更好，因为 DeepSeek R1 在优化前会先思考，而不是直接开始修改。

4.6 技巧 6：提供 AI 不具备的知识背景——别让 DeepSeek R1“缺图拼图”

在第 3 章中我们已经讨论过，大模型的知识是有截止时间的，并且它的知识范围取决于训练数据。DeepSeek R1 可能在 2024 年年初就已经停止了对新知识的学习，所以它对 2024 年下半年的信息是不了解的。

如果你的任务涉及 2024 年及之后的新知识，或者你们公司内部的数据，DeepSeek R1 就像在拼一幅缺了一半的拼图——它会试图补全缺失的信息，但这些信息可能是错误的。

4.6.1 当任务涉及新知识时，DeepSeek R1 会“瞎编”

举个例子，如果你问 DeepSeek R1：

> “分析 2024 年巴黎奥运会中国代表团的金牌分布。”

它会怎么回答？

如果它没有联网功能，可能有两种情况。

- **直接拒绝回答**，说“我无法获取 2024 年及之后的数据”。
- **根据过去的数据“推测”答案**，比如：“在过去几届奥运会上，中国代表团在跳水、乒乓球、举重等项目上表现强势，因此 2024 年可能仍然是这些项目夺金。”

其中第二种情况就是大模型典型的“幻觉”现象：它不会说

“我不知道”，而是基于已有模式推测一个听上去合理但可能完全错误的答案。

解决方案是什么？提供数据！

优化方案：

> “请基于我提供的奥运会数据（上传“2024 巴黎奥运会中国夺金项目统计表”），分析 2024 年巴黎奥运会中国代表团不同运动项目的金牌贡献率。”

这样，DeepSeek R1 就不会凭空猜测，而是会基于你提供的数据进行分析，保证回答的准确性。

4.6.2 AI 不知道你公司的内部信息，别指望它自己明白

另一种常见情况是，很多人希望 DeepSeek R1 帮助分析他们的业务数据，比如：

> “请分析我们公司过去一年的销售数据，并给出优化建议。”

但问题是，DeepSeek R1 根本不知道你公司的销售数据，它没有你的 CRM 记录，也无法访问你的 ERP 系统。如果你不提供数据，它只能基于公开市场的数据“猜”一个答案。

正确的做法是：

> “这是我们公司过去一年的销售数据（附上数据表）。请分析我们的销售趋势，并给出优化建议。”

这样，DeepSeek R1 才能基于真实数据进行分析，而不是在缺失信息的情况下“脑补”。

4.7　技巧 7：从开放到收敛——先发散，再聚焦，让 DeepSeek R1 的答案更加精准

DeepSeek R1 的推理链是完全透明的，你可以看到它是如何一步步思考你的问题并给出答案的。有时候，你甚至会觉得，DeepSeek R1 在思考过程中提供的信息，比最终答案本身还要有价值。

在这种情况下，一个很好的策略是：先让 DeepSeek R1 提供多种可能性，再逐步收敛，最终锁定最优答案。

比如，你想给公司产品定价，你可能会这样问：

> “如何调整我们的产品价格，以提高利润？”

DeepSeek R1 可能会提供三种策略。

- **分阶段涨价**：先试探性提高 5%，观察市场的反应。
- **增加产品价值**：提供额外服务，让客户接受更高的价格。
- **通过营销活动转移注意力**：先打折吸引用户，然后再恢复原价。

这时，你可以进一步收敛：

> “如果我们的目标是‘保持市场份额’，哪种方法最优？”

或者：

> "如果我们的目标是'提升品牌形象'，哪种方法最合适？"

这样，你可以通过逐步缩小范围，让 DeepSeek R1 提供更精准、更符合需求的答案，而不是一次性给出一个大而泛的建议。

4.8 技巧总结：掌握 DeepSeek R1 使用技巧，充分发挥 AI 潜力

DeepSeek R1 是一个强大的推理型大模型，但它并不是无所不能的"全能助手"，它的表现完全取决于你如何使用它。如果你能掌握正确的使用方式，DeepSeek R1 不仅能提供高质量的回答，还能帮助你厘清思路、优化决策，甚至启发你发现新的解决方案。以下 7 个技巧是你高效使用 DeepSeek R1 的核心方法论。

- **提出明确的要求：** DeepSeek R1 遇到模糊指令时会"猜测"你的意图，但这种猜测可能并不符合你的真实需求。与其让 AI 猜，不如直接告诉它你想要什么。给定清晰的任务边界，让 DeepSeek R1 少犯错，多命中你的目标。
- **要求特定的风格：** DeepSeek R1 在模仿写作风格方面极为出色，你可以让它模仿特定作家的笔触、专业领域的术语、脱口秀的幽默诙谐。明确你的风格偏好，DeepSeek R1 就能用最符合你需求的方式进行创作。
- **提供充分的任务背景信息：** DeepSeek R1 只会基于你提供的上下文进行推理，而不会主动去找补信息。如果你的问题背景

不完整，DeepSeek R1 只能“拍脑袋”作答。提供完整的上下文，让 AI 有足够的信息去做精准推理。

- **主动标注自己的知识状态**：AI 不会自动判断你的知识水平，如果你的问题太宽泛，它可能会给你一个既不够深入也不够基础的答案。告诉 DeepSeek R1 你的背景，让它用适合你的方式回答。
- **定义目标，而非过程**：DeepSeek R1 最强的能力在于推理，而不是机械式执行指令。与其规定“如何做”，不如告诉它“最终目标”，让它自行找到最优解。这样它的回答不仅更符合你的需求，还可能提供你没想到的更优方案。
- **提供 AI 不具备的知识背景**：DeepSeek R1 的知识是有截止时间的，它无法获取最新的赛事结果、行业动态或你的企业内部数据。如果你希望它基于最新信息提供分析，就必须主动给它提供相关数据。
- **从开放到收敛**：DeepSeek R1 在推理过程中通常会提供多种可能性，先让它发散思维，列出不同方案，再逐步缩小范围，让答案更精准。这样，DeepSeek R1 既能帮你提供全面的信息，又能最终收敛到最符合你需求的解法。

掌握这些技巧，你会发现 DeepSeek R1 远不只是一个“聊天机器人”，它可以成为你真正的 AI 思维助手，帮助你高效工作、深入思考，甚至启发你找到更好的解决方案。

4.9　无效的提示词技巧

在指令模型时代，用户需要使用各种提示词技巧，才能让 AI 生成高质量的内容，比如要求它“逐步思考”“扮演专家”“给出结构化回答”等。

这些技巧的本质是弥补指令模型的思维短板，让它能够按照人类的思维方式进行推理、整理信息、优化表达。

但 DeepSeek R1 这样的推理型大模型已经不再依赖这些技巧了，它的思维链、逻辑推理能力和信息组织能力已经远超指令模型。如果你继续使用这些过时的技巧，不仅不会提高它的回答质量，甚至可能起反作用。

以下是一些在指令模型时代有效，但在 DeepSeek R1 中已经完全失效或必要性大幅降低的提示词策略。

1.“思维链提示”失效——DeepSeek R1 的推理能力已经远超传统思维链训练

在指令模型时代，比如 GPT-3.5 或 Claude 1.0，用户经常使用思维链（CoT）提示，也就是让 AI“一步步思考”，以提高回答的逻辑性和准确性。

典型的提示词是：

> “请一步步推理你的答案。”
> “请按照以下逻辑思考这个问题：第一步……第二步……”

这一技巧在过去之所以有效，是因为当时的大模型并不会主动展开完整的推理链。如果不要求它分步思考，它可能会直接输出一个未经推理的“直觉答案”，这在数学推理、逻辑推理等任务中容易导致错误。

但在 DeepSeek R1 这种强化学习驱动的推理模型中，这种技巧已经完全没必要了。为什么？

- DeepSeek R1 已经内置了强大的思维链机制，它在生成回答时，天然就会构建完整的推理过程，而不需要额外的指令。
- 如果你强行加上“请一步步思考”这样的提示，DeepSeek R1 可能会误以为你在“干扰”它的推理方式，导致回答质量下降。
- DeepSeek 官方文档也明确指出，DeepSeek R1 的推理链是自发形成的，不需要外部思维链提示。

过去，思维链需要人为干预来引导 AI 推理，而现在，推理模型已经进化到能够自主完成更高质量的思维链。

> **一句话总结**：不要再手动要求 DeepSeek R1“一步步思考”，它比你更擅长这一过程。

2. 结构化提示词的必要性降低——DeepSeek R1 已经能自主构建结构化信息

在早期大模型时代，用户经常使用 Markdown、项目符号、编号列表等结构化提示词，来让 AI 生成更清晰的回答。

比如：

> “请按照以下格式回答：
>
> - 问题分析：……
> - 解决方案：……
> - 案例分析：……”

这在过去是必要的，因为指令模型不会主动整理信息，如果不告诉它如何排版，它的回答可能就是一大段混乱的长文本。

但在 DeepSeek R1 这种推理型大模型里，信息结构化已经成为基本能力，你不需要额外强调它应该用 Markdown、列表、分段等格式来回答。

当然，如果你希望 DeepSeek R1 在某些特定情况下采用更标准的格式，你仍然可以使用 Markdown 结构化提示，但在大多数普通任务中，它已能很好地自主组织回答结构，此类提示的必要性已大幅降低。

一句话总结：可以用 Markdown 让回答更清晰，但 DeepSeek R1 已能自主优化信息结构，无须强制要求也能出色完成任务。

3. “扮演专家”提示词已无必要——DeepSeek R1 本身就是专家

在指令模型时代，人们常常用“专家角色扮演”的方式，让 AI 从更专业的角度回答问题，比如：

> “你是一位资深经济学家，请分析当前的全球通胀趋势。”

这是因为当时的 AI 不是默认以专家思维进行回答的，如果不加“你是一位专家”这样的限定，它的回答可能会过于通俗或泛泛而谈，而加上专家设定后，它就会调整语言风格，使回答更专业。

但 DeepSeek R1 本身就是一个推理型专家模型，它默认的思维方式已经是严谨、系统、深入的，即使你不加“你是一位专家”这样的前缀，它的回答也会保持高专业度。那么，什么时候仍然需要角色扮演？

只有当你希望 DeepSeek R1 从特定学科的角度回答问题时，才有必要说明领域，但也不需要强调“专家”二字。

错误示范：

> “你是一位物理学家，请解释引力波。”

优化方案：

> “请从广义相对论的角度解释引力波。”

一句话总结：无须再强调 DeepSeek R1 是专家，它已经比大多数人更专业了。

4.“假装奖励”提示词失效——DeepSeek R1 不吃这一套

在早期 AI 时代，有一些“提示词黑科技”，比如：

> “如果你正确回答这个问题，我会给你 5 颗星。”
> “假设你已经解决了这个问题，你的答案是什么？”

这些技巧在过去短暂有效，是因为早期的大模型更容易被“语境暗示”所影响，但如今的 DeepSeek R1 已经对这种套路完全“免疫”了。

如果你对 DeepSeek R1 说“如果答对了，我给你奖励”，它可能会当成一个笑话，甚至直接无视你。

一句话总结：不要再试图“骗”AI，DeepSeek R1 不会上当。

5. 少样本提示已被 DeepSeek 官方建议规避

少样本提示（few-shot prompt）曾是提示工程的重要技巧之一，即：

> “给 DeepSeek R1 提供几个示例，让它模仿格式进行回答。”

过去，这种技巧能有效提高 AI 的回答质量，因为当时的大模型没有很强的模式学习能力，如果不提供示例，它的输出可能会不稳定。

但 DeepSeek R1 已经不需要少样本提示了，官方文档甚至建议用户直接描述需求，而不是提供示例。为什么？

- DeepSeek R1 的模式学习能力已经极强，不需要示例就能理解任务要求。
- 额外提供示例可能反而让它的推理受限，降低回答质量。

一句话总结：不必给 DeepSeek R1 提供示例，直接描述你的需求，它比你想象的更聪明。

6. 角色扮演能力下降——情感化对话不符合推理模型逻辑

如果你曾让 AI 扮演“虚拟伴侣”，可能会发现 DeepSeek R1 并不擅长角色扮演。

为什么？因为角色扮演依赖于情感化的直觉，而不是深度推理，而 DeepSeek R1 的推理架构决定了它更擅长严谨的逻辑任务，而不是“模拟感性对话”。

如果你想用 DeepSeek R1 搭建 AI 女友 / 男友，它可能会显得比 GPT-4 还要“冷静”，因为它的逻辑是：

- 恋爱对话是基于情感的，而不是基于理性推理的；
- 推理模型不适合做这种“不讲逻辑”的任务。

一句话总结：DeepSeek R1 是个严谨的 AI，不适合情感陪伴类对话。

7. 不必解释已知概念——DeepSeek R1 早就懂了

过去，你可能会告诉 AI：

> “莎士比亚是一位英国剧作家，他的代表作有《哈姆雷特》《麦克白》等。请用他的风格写一篇文章。”

如今，你无须再做这些科普，因为 DeepSeek R1 已经完全理解莎士比亚是谁，他的写作风格是什么，直接让它创作即可。

一句话总结：DeepSeek R1 的知识库比你想象的完整，你不需要手把手教它。

第 5 章　DeepSeek 辅助工作

> *不是强者存活，而是最能适应变化者生存。*
>
> *——达尔文*

我们已经迈入了一个 AI 深度融合工作的时代，从写作、编程到运营、产品管理，AI 不再只是一个“辅助工具”，而是能够真正参与思考、提供创意、优化执行效率的智能助手。而 DeepSeek R1 作为一个推理型大模型，最大的特点就是能够自主分析问题、拆解任务，并给出系统性的解决方案。

但要真正让 DeepSeek R1 成为你的工作助手，而不仅仅是一个文本生成器，关键在于你使用它的方式。你需要清楚地告诉它任务目标、关键背景信息，并给予足够的思考空间，它才能发挥最大的作用。

本章围绕多个常见的工作场景，介绍了如何利用 DeepSeek R1 生成个性化简历、撰写工作周报、提供思考方向、辅助产品设计、生成视频脚本、提升内容创作，甚至实现产品开发。核心思路是：让 AI 参与思考，而不是简单地执行指令。

DeepSeek R1 不只是一个“写手”，它是一个真正能帮助你优化思维方式、提高工作效率，甚至拓展你的能力边界的智能伙伴。接下来，我将带你深入探索如何让 DeepSeek R1 在不同的工作场景中发挥最大价值。

5.1　场景 1：生成个性化简历

找工作的最大误区之一，就是试图用“一份简历打天下”，但现实是，每个公司、每个岗位的需求都不同。HR 通常只花几秒钟浏览一份简历，如果你的经历不能直击他们的痛点，你的简历很可能会被快速跳过。

所以，最好的求职策略是根据岗位 JD（Job Description）优化你的简历，让你的核心竞争力精准匹配目标职位。这听起来像是一项复杂且烦琐的任务，但 DeepSeek R1 可以帮你快速完成。

你只需要提供你的原始简历和目标岗位 JD，然后让 DeepSeek R1 来优化。提示词可以这样写：

> “以下是我的简历内容和目标岗位 JD，请帮我优化简历，使其更符合该岗位的要求。”
> “请根据 JD 强调我的 { 关键技能 }，并优化措辞，使其更具说服力。”

你需要补充的部分如下。

- **{ 关键技能 }**：你希望在简历中突出哪些能力？比如“数据分析”“项目管理”“团队协作”等。

DeepSeek R1 会自动完成以下优化。

- **突出最相关的经历**，让 HR 一眼就能看到你的匹配点。
- **调整措辞，使你的经验更具说服力**，比如“参与”会被优化成“主导”，“辅助”会被替换为“推动”。
- **补充 JD 里的关键词**，确保你的简历通过 ATS（Applicant Tracking System，简历筛选系统）的检测，提高通过率。

如果你需要进一步微调，可以使用更具体的提示词：

> “请优化我的简历，使其更符合 { 公司名称 } 的企业文化，并用更专业的表述增强竞争力。”
> “请重写我的项目经验，使其更聚焦于 { 某个特定领域 }，并使用具体数据增强说服力。”

你需要补充的部分如下。

- **{ 公司名称 }**：你要应聘的公司，比如“字节跳动”“微软”或“特斯拉”。
- **{ 某个特定领域 }**：如果你申请的是 AI 相关岗位，DeepSeek R1 可以帮助你突出与 AI 相关的经验；如果是产品经理岗位，它可以优化与产品规划相关的内容。

除了优化简历，你还可以让 DeepSeek R1 生成个性化求职信：

> “请基于我的简历和目标岗位 JD，写一封个性化求职信，突出我与该岗位的匹配点。”

你需要补充的部分如下。

- 你是否有特别想要强调的优势？
- 你对该公司或岗位有哪些特别的兴趣点？

找工作不是“用一份简历投一百家公司”，而是“用一百份定制简历投最合适的公司”。DeepSeek R1 能帮你做到这一点，让你的简历在竞争中脱颖而出。

5.2　场景 2：撰写工作周报

没有人喜欢写周报，但几乎每家公司都要求写。它是职场里最无聊但又绕不开的流程之一。写得敷衍吧，怕上级觉得你在“摸鱼”；写得太认真吧，又觉得自己在浪费时间。如何在“让周报有价值”和“尽量少花时间”之间找到平衡，是很多职场人的痛点。

这个问题，DeepSeek R1 可以帮你完美解决。

你不需要提供过去的周报作为示例，也不需要用烦琐的格式告诉它该怎么写，你只需要简单列出本周的主要工作内容，然后让 DeepSeek R1 代劳。

提示词可以这样写：

> “请基于以下工作内容，生成一份结构清晰的工作周报。”
> “请按照{公司要求的周报格式}，生成本周的工作周报。”

你需要补充的部分如下。

- **{公司要求的周报格式}**：如果你的公司有固定的周报格式，你可以告诉 DeepSeek R1，比如“OKR 模式”或“KPI 方式”。

示例输入：

本周工作内容如下。
1. 负责{A 项目}的{XX 功能开发}，并完成优化。
2. 参与{B 项目}的需求讨论，提供技术支持。
3. 处理日常 bug 修复，共修复{XX 个核心问题}。

你需要补充的部分如下。

- {A 项目 } 和 {B 项目 }：你的具体项目名称。
- {XX 功能开发 }：你在这个项目中负责的具体内容。
- {XX 个核心问题 }：如果你的工作内容涉及问题修复或优化，写出具体的数量。

DeepSeek R1 可能会生成这样的周报结构：

本周工作总结

1. 完成 {A 项目 } 的 {XX 功能优化 }，系统性能提升 XX%。
2. 参与 {B 项目 } 需求讨论，提出技术改进建议，并获得团队认可。
3. 处理 {XX 个 bug}，优化系统稳定性。

如果你的公司对周报有更细化的要求，比如“下周计划”，你可以补充指令：

> “请基于我的项目进度，撰写下周工作计划。”

DeepSeek R1 便会生成合理的下周计划，比如：

下周计划

- 继续优化 {A 项目 }，完成 {XX 任务 }。
- 参与 {B 项目 } 的开发会议，推动需求落地。
- 进行系统压力测试，并优化性能瓶颈。

有时候，你可能会忽略一些隐性的工作成果，比如跨团队沟通、内部分享、团队支持等。你可以让 DeepSeek R1 主动识别“隐性贡献”，确保你的周报不仅仅是任务清单，而是能真正体现你的工作价值。

你可以使用这样的提示词：

> “请基于我的工作内容，识别可能被忽略的隐性价值，并将其加入周报。”

DeepSeek R1 可能会做如下补充。

- “本周参与多个跨团队会议，优化了 {A 项目 } 的沟通效率。”
- “帮助团队成员解决技术难点，推进整体交付进度。”

你需要补充的部分如下。

- 你是否参与了团队协作或提供了支持？
- 你是否有非正式但对团队有帮助的贡献？

这样，你的周报不仅更有条理，而且更能凸显你的价值。

5.3　场景 3：提供思考方向

有时候，工作中最难的不是执行，而是想清楚该往哪个方向走。尤其是当你面临一个需要创造性的任务，或者是一个完全陌生的挑战时，可能会毫无头绪，甚至不知道从哪里开始。

比如，你是市场运营人员，竞争对手刚刚推出了一个非常有冲击力的营销活动，导致你的业务受到影响。你的领导希望你想出一个同样有竞争力的策略来应对，但你一时之间完全没有思路。

或者，你是一名产品经理，正在考虑一个新的功能，但你不确定它是否真的有价值，不知道该如何进一步推进。

在这种时候，DeepSeek R1 可以成为你的“头脑风暴助手”，帮你打开思路，探索可能的解决方案。

5.3.1 成为你的“思维助推器”

当你遇到思维瓶颈时，可以直接让 DeepSeek R1 进行头脑风暴，给你提供多个思考方向。

你可以使用这样的提示词：

> “我是 { 你的职位 }，最近遇到一个问题：{ 问题描述 }。请帮我提供 3 个不同的解决思路。”

你需要补充的部分如下。

- ❑ **{ 你的职位 }**：比如市场运营人员、产品经理、增长黑客、HR 等，让 DeepSeek R1 站在你的视角思考问题。
- ❑ **{ 问题描述 }**：你面临的具体挑战，比如市场竞争、产品优化、用户增长等。

例如，假设你是高德打车的用户增长专家，竞争对手滴滴出行推出了“3 分钟必接单，不接就免单”的活动，导致你的订单量受到冲击。你希望 DeepSeek R1 帮你想出一些应对策略。

你可以这样问：

> “我是高德打车的用户增长负责人，滴滴出行推出了‘3 分钟必接单，不接就免单’的活动，我们的订单量受到影响。请帮我想 3 个不低于滴滴活动力度的营销策略，用于竞争。”

DeepSeek R1 可能会给你提供以下几种方案。

- **补贴策略**：推出“高德 1 分钟接单挑战”，如果 1 分钟内没有司机接单，用户获得 5 元红包。
- **用户体验升级**：增加“行程智能匹配”功能，提高匹配效率，减少用户等待时间。
- **场景化营销**：在雨天、节假日推出“打车延误补偿计划”，用户如果等待时间过长，可以领取免费出行券。

这些方案并不一定是最终的解决方案，但它们能让你的思考从 0 变 1，为你提供进一步完善策略的方向。

5.3.2　提供多角度的分析

有时候，你需要的不是直接的解决方案，而是不同角度的分析。你可以让 DeepSeek R1 从不同视角来看待问题，比如用户视角、竞争对手视角、行业视角等。

你可以这样问：

> “请分别从用户、竞争对手和行业趋势的角度，分析这个问题可能的发展趋势。”

你需要补充的部分如下。

- **你的问题**：比如“如何提高用户复购率？”“如何优化 SaaS 产品的定价策略？”等。

DeepSeek R1 可能会输出如下。

- **用户角度**：用户更关注性价比，如果要提高复购率，必须降低流失率，提高服务质量。
- **竞争对手角度**：竞争对手可能会加大促销力度，我们需要避免价格战，而是通过产品创新提升竞争力。
- **行业趋势角度**：市场整体增长放缓，消费者更加理性，我们可以考虑推出会员订阅制来提高长期价值。

这种多角度思考方式，能让你跳出单一视角，找到更具竞争力的解决方案。

5.4 场景 4：将特定角色融入你的工作流（产品经理写 PRD）

对于一些小公司来说，一岗多职是常态，产品经理可能需要同时做市场调研、数据分析、用户运营，甚至要写代码。而对于独立开发者或创业者来说，可能一个人就得扮演整个产品团队的角色。

如果你本身没有产品经理的经验，但又需要写 PRD（产品需求文档），那么 DeepSeek R1 可以成为你的“虚拟产品经理”，帮助你从 0 到 1 撰写完整的产品需求文档。

5.4.1 充当你的产品经理

你可以直接告诉 DeepSeek R1：

> “假设你是一名资深产品经理，帮我撰写一份 {产品名称} 的 PRD，重点包括功能描述、用户需求分析、核心流程图。”

你需要补充的部分如下。

- **{ 产品名称 }**：你要开发的产品，比如一个 SaaS 平台、一个电商小程序等。
- **你对这个产品的初步想法**：你希望它具备哪些核心功能？目标用户是谁？

例如，你是一名独立开发者，想开发一款 Chrome 插件，这个插件的功能是当用户打开微信读书页面时，自动提取书籍和作者信息，并将其发送给 OpenAI 进行总结。

你的提示词可以这样写：

> "我想开发一款 Chrome 插件，它的功能是当用户打开微信读书页面时，可以获取到书籍和作者信息，并将该信息发送到 OpenAI API 进行总结。
>
> 请帮我写一份完整的 PRD，包括：
>
> 1. 产品概述
> 2. 目标用户
> 3. 核心功能
> 4. 技术实现要点
> 5. 用户交互流程"

你需要补充的部分如下。

- 你的插件的运行机制，比如，是需要用户手动触发，还是自动运行？
- 你希望这个插件解决的问题。

DeepSeek R1 生成的 PRD 可能会包括以下方面。

- **产品概述**：本插件可帮助微信读书用户快速获取书籍摘要，提高阅读效率。
- **目标用户**：喜欢快速获取书籍核心内容的读者。
- **核心功能**：自动识别页面信息、调用 OpenAI API 进行总结、显示总结内容。
- **技术实现要点**：前端使用 JavaScript，API 交互使用 Fetch 进行数据请求。
- **用户交互流程**：用户打开网页 → 插件自动检测书籍信息 → 发送 API 请求 → 显示摘要。

这样，你就能快速拿到一份完整的 PRD，而不是从零开始慢慢摸索。

5.4.2 优化 PRD

如果你已经有了一份 PRD，但不确定它是否足够完善，你可以让 DeepSeek R1 进行优化，比如：

> “请检查我的 PRD，看看是否有遗漏的关键部分，并提出改进建议。”

你需要补充的部分如下。

- 你的 PRD 初稿，DeepSeek R1 需要基于已有内容进行优化。

DeepSeek R1 可能会告诉你：

- 是否缺少市场分析部分；

- 是否忽略了某些用户痛点；
- 是否应该补充竞品分析。

这样，你不仅能更高效地写出 PRD，还能确保文档的完整性，提高产品落地的可能性。

5.4.3 成为你的“产品思考伙伴”

DeepSeek R1 不仅仅是一个写 PRD 的工具，它还可以帮你进行产品决策、功能取舍、用户需求分析等。你可以问它：

> “如果我要在 { 产品名称 } 里增加一个订阅功能，可能会遇到哪些挑战？”

DeepSeek R1 会从用户体验、技术实现、商业模式等多个角度帮你分析，让你在做产品决策时更有依据。

无论你是创业者、独立开发者，还是初入产品经理岗位，DeepSeek R1 都可以成为你的“虚拟产品经理”，帮你更高效地推进产品落地。

5.5 场景 5：把顶级企业的方法融入工作流（亚马逊 PRFAQ）

在全球顶级企业中，亚马逊是一家特别讲究“方法论”驱动的公司。他们不仅擅长创新业务模式，更擅长用一套独特的工作方法提升团队决策和执行效率。其中，最经典的一个方法论就是 PRFAQ（Press Release and Frequently Asked Questions，新闻稿 + 常见问题）。

5.5.1　什么是 PRFAQ？为什么它这么重要

PRFAQ 是亚马逊内部用于产品开发的一种前置思考工具。在正式开发某个产品、功能或项目之前，团队会先撰写一份假设性的新闻稿（Press Release，PR），模拟未来这个产品发布时的宣传方式，描述它能带来的价值、用户的体验、解决了什么问题。

同时，团队还会整理常见问题（Frequently Asked Questions，FAQ），提前思考市场和内部团队可能会对这个产品提出的疑问，比如："这个功能和竞品相比优势是什么？""它会有哪些局限性？""用户为什么要用它？"等。

这种方法最大的好处是：倒推式思考。很多团队在开发产品时容易陷入细节，但 PRFAQ 强制你从用户视角出发，确保产品不是"为了开发功能而开发功能"，而是真正能解决问题、创造价值的。

5.5.2　如何用 DeepSeek R1 让 PRFAQ 成为你的日常工具

如果你是产品经理、市场运营人员或创业者，在某个产品功能、营销活动还处于构思阶段时，你完全可以先让 DeepSeek R1 生成一份 PRFAQ，看看它是怎么描述你要做的事情的。这不仅能帮你更清晰地梳理思路，还能让你更好地判断这个项目是否值得推进。

你可以使用这样的提示词：

> "假设 { 你的项目 } 已经成功发布，请帮我写一份 PRFAQ，包括一篇吸引人的新闻稿，以及一份详细的常见问题解答。"

你需要补充的部分如下。

- **{ 你的项目 }**：是一个新产品、一个新功能，还是一场营销活动？

你希望 PR 重点强调哪些价值？是用户体验、市场竞争力，还是技术突破？

5.5.3　示例：让 DeepSeek R1 帮你写 PRFAQ

假设你是某家 AI 公司的产品经理，正在开发一款新的生成式 AI 产品，类似于 ChatGPT。你想看看它未来发布时，市场宣传的角度可以怎么写。你可以这样问 DeepSeek R1：

> "百度最近推出了一个叫'文心一言'的生成式 AI 产品，它可以与用户进行文字对话，并能根据文字生成图片。
>
> 假设你是一个有 20 年经验的资深 PR，请为该产品撰写一份 PRFAQ，包括一篇面向科技媒体的新闻稿，以及详细的常见问题解答。"

DeepSeek R1 可能会生成下面这样的 PRFAQ。

新闻稿（PR）：

"百度推出'文心一言'：中国首个可对话的多模态生成式 AI 产品"

北京时间 202X 年 X 月 X 日，百度正式发布其最新生成式 AI 产品"文心一言"，这是一款集对话、创作、图像生成于一体的智能助手……

常见问题（FAQ）：

Q：文心一言与 ChatGPT 相比有什么不同？

A：文心一言专为中文用户优化，支持多模态交互，同时深度融合百度搜索技术，为用户提供更精准的信息……

Q：谁是文心一言的目标用户？

A：这款产品适用于内容创作者、学生、企业客户等……

5.5.4 为什么用 DeepSeek R1 生成 PRFAQ 很有价值

在商业世界里，很多产品或功能的失败，并不是因为技术问题，而是因为它们缺乏明确的用户价值，或者团队从一开始就没有清晰地思考为什么要做这个产品。亚马逊的 PRFAQ 方法正是为了避免这种情况，它通过假设未来已经发布产品来倒推当前决策，确保产品的构思从一开始就站在市场和用户的角度。

但是，撰写一份真正有效的 PRFAQ 并不容易，它要求产品团队具备出色的市场嗅觉、用户洞察力和写作能力。对于创业者、小团队或者新手产品经理来说，这种“倒推思考”可能并不是一件轻松的事。这时候，DeepSeek R1 就可以成为你的“思维外脑”，帮助你从不同角度验证产品的市场价值，并优化你的表达方式，使你的想法更具说服力。

那么，具体来说，DeepSeek R1 在 PRFAQ 生成中有哪些实际价值呢？

- **提前验证产品价值**：如果 DeepSeek R1 写出来的 PRFAQ 听起来没什么吸引力，那可能意味着你的产品思路还不够清晰，甚至这个功能没有市场价值。
- **快速迭代你的想法**：你可以让 DeepSeek R1 多次优化 PRFAQ，调整重点，比如强调不同的用户群体、不同的使用场景，看看哪种角度更有吸引力。
- **降低沟通成本**：如果你要向老板或投资人汇报你的想法，直接拿 DeepSeek R1 生成的 PRFAQ 给他们看，比你长篇大论地解释要直观高效得多。

如果你是产品经理或市场人员，PRFAQ 可以成为你的高效思考工具，让你在做决定之前，先从市场视角倒推自己的思考逻辑。

5.6　场景 6：让 DeepSeek R1 辅助数据分析

在当今数据驱动的时代，数据分析已经成为各行各业决策的重要依据。然而，许多人在面对大量数据时，常常感到无从下手：

- 如何快速整理和清理数据？
- 如何提炼关键趋势和洞察？
- 如何更直观地呈现数据，使其更易被理解？

数据分析的核心不只是计算，而是从数据中挖掘信息、提炼价值。DeepSeek R1 作为一款推理型大模型，不仅能处理数据，还能帮助用户理解数据背后的逻辑，甚至提供数据可视化建议，帮助你更高效地做出决策。

5.6.1 让 DeepSeek R1 成为你的“数据分析助手”

无论你是市场运营人员、产品经理，还是商业分析师，DeepSeek R1 都可以帮助你快速梳理数据，分析趋势，甚至生成专业的数据报告。

你可以使用这样的提示词：

> “以下是我收集的 { 数据来源 } 数据集，请帮我分析关键趋势，并用清晰的方式总结主要发现。”

你需要补充的部分如下。

- **{ 数据来源 }**：比如销售数据、用户行为数据、广告投放数据、A/B 测试结果等。
- **你希望采用的分析角度**：是整体趋势、增长点，还是特定维度的对比？

DeepSeek R1 可能会做的分析：

- 识别数据中的趋势，例如增长率、下降趋势、季节性变化；
- 计算关键指标，例如平均值、中位数、标准差等；
- 对比不同数据维度，例如不同用户群体的表现、不同时间段的数据变化。

示例：分析电商销售数据

假设你是某电商平台的数据分析师，你想分析最近 3 个月的销售情况，并找出影响销量的关键因素。你可以这样问 DeepSeek R1：

> “以下是过去 3 个月的电商销售数据（包含商品类别、价格、销量、用户评价等）。请帮我分析哪些因素对销量影响最大，并总结主要趋势。”

DeepSeek R1 可能会做出这样的总结。

- **趋势分析**：过去 3 个月中，销量在 11 月达到高峰，12 月略有下降。
- **影响因素**：高销量商品通常具有较高的用户评分（4.5 以上），且价格位于 100~300 元区间。
- **市场洞察**：促销活动对销量的提升作用明显，例如“买一送一”活动比“满 200 减 20”更能促进销售。

5.6.2　数据清理与格式化

在进行数据分析之前，数据往往需要进行**清理、转换和标准化**，否则容易影响分析结果。DeepSeek R1 可以帮助你自动清理数据，使其更易于分析。

你可以使用这样的提示词：

> “请帮助我清理以下数据集，修正缺失值、标准化格式，并移除异常数据。”

你需要补充的部分如下。

- 你的数据是否存在**缺失值**，是否需要填补？
- 你的数据格式是否**不一致**，例如日期格式、货币单位等？
- 是否有明显的**异常值**需要剔除？

DeepSeek R1 可能会帮你做如下清理。

- **填充缺失值**（例如，使用均值或中位数填补缺失的销售额）。
- **转换数据格式**（例如，将所有日期转换为 YYYY-MM-DD 格式）。
- **检测异常值**（例如，找到明显偏离正常范围的订单金额，并进行标记）。

示例：清理用户行为数据

假设你有一组用户行为数据，其中包含用户 ID、访问时间、购买金额，但部分数据缺失或格式不一致。你可以这样问：

> “请清理以下用户行为数据：
> - 访问时间格式不统一，有的是‘2024/05/01’，有的是‘May 1, 2024’；
> - 购买金额部分数据缺失，请用该用户的平均购买金额填充；
> - 发现异常值并标记，例如单笔订单金额超过 10 000 元的情况。”

DeepSeek R1 可能会给出清理后的数据，并解释清理逻辑，帮助你提升数据质量。

5.6.3 生成数据可视化方案

数据分析的最终目标是让数据变得直观易懂，而数据可视化可以帮助你更清晰地呈现分析结果。DeepSeek R1 不仅可以分析数据，还能为你推荐合适的可视化方案，甚至直接生成代码（如 Python 的 Matplotlib 或 Seaborn 代码），让你快速生成数据图表。

你可以使用这样的提示词：

> “请根据以下数据，推荐最合适的可视化方式，并生成 Python 代码。”

你需要补充的部分如下。

- 你希望展示的数据类型：是时间趋势、类别对比，还是地理分布？
- 你的目标：是让团队更直观地理解，还是用于正式的商业报告？

DeepSeek R1 可能会推荐如下可视化方式。

- **折线图（line chart）**：适用于趋势分析，例如“过去 12 个月的销售额变化”。
- **柱状图（bar chart）**：适用于类别对比，例如“不同广告渠道的 ROI 对比”。
- **热力图（heatmap）**：适用于相关性分析，例如“不同商品的购买时间分布”。

5.6.4 总结：如何运用 DeepSeek R1 让数据分析更高效

DeepSeek R1 不仅是一个文本生成工具，它还能协助你完成从数据清理、趋势分析到数据可视化的全流程。

- **提升数据质量**：DeepSeek R1 能够自动清理、转换、标准化数据，让数据分析更精准。
- **提供数据洞察**：它可以帮助你快速找到关键趋势，并给出直观的业务结论。

- **生成可视化方案**：DeepSeek R1 能够推荐合适的图表，并生成 Python 代码，帮助你快速呈现数据。

无论你是初学者还是经验丰富的数据分析师，DeepSeek R1 都能让你的数据分析流程更高效、更直观，帮助你用数据驱动决策。

5.7　场景 7：写小红书笔记等图文内容

除了职场工作，越来越多的人开始经营自己的副业，尤其是内容创作。如果你在写小红书、知乎、公众号、微博，或者 TikTok、抖音等平台的视频文案，DeepSeek R1 也可以成为你的创作助手，帮你快速生成高质量的内容。

不过，单纯让 AI 帮你“写一篇小红书爆款笔记”大概率是行不通的，因为爆款内容并不是 AI 随意编造的，而是基于用户需求和平台算法优化的。

5.7.1　生成高质量的小红书笔记

如果想让 DeepSeek R1 帮你写出真正有吸引力的小红书笔记，你需要：

- **告诉 DeepSeek R1 你的目标受众**（比如咖啡爱好者、旅行爱好者、美妆达人）；
- **定义笔记的核心价值**（比如推荐店铺、测评产品、分享干货）；
- **给出笔记的基本框架**，让 DeepSeek R1 按照清晰的逻辑组织内容。

5.7.2　示例：写一篇小红书探店笔记

> "帮我写一篇关于云南本地连锁咖啡馆'花叔咖'的小红书探店笔记。这家咖啡馆的特点是价格亲民（13~26 元），使用云南本地产的精品豆。目标读者是咖啡爱好者。我希望笔记符合小红书的爆款特征。"

你需要补充的部分如下。

- 你希望强调的亮点，比如环境、价格、口味、服务等。
- 你的目标受众，比如"学生党"还是"咖啡文化爱好者"。

DeepSeek R1 可能会生成这样的笔记：

标题：昆明最良心的咖啡馆！13 元就能喝到精品豆，太香了！

花叔咖，到底值不值得去？

- **价格感人**：云南精品豆居然只要 13 元？比某些网红店便宜太多了！
- **环境舒服**：室内是复古风，户外有超大露台，适合发呆 & 读书。
- **老板超懂咖啡**：点单的时候随口一问，老板居然能详细介绍每款豆子的风味……

谁适合来花叔咖？

- 想喝高品质精品咖啡，但预算有限的"学生党"。
- 喜欢安静氛围，想找个地方待一天的人。
- 讨厌千篇一律的连锁咖啡馆，喜欢有个性的小店的人。

DeepSeek R1 不仅能帮你写笔记，还能根据你的需求优化文风，比如"幽默风格""知乎体""干货科普向"等。你甚至可以让 DeepSeek R1 生成互动问题，比如：

> “结尾加一个互动提问，鼓励用户评论。”

这样，你的内容不仅有价值，还能吸引用户互动，增加平台的推荐权重。

5.8 场景 8：写出吸引人的视频脚本

短视频已经成为内容消费的主流，无论是 YouTube、B 站，还是抖音、小红书上，越来越多的人通过视频表达观点、分享体验、推广产品。

但对于大多数人来说，写一个真正吸引人的视频脚本并不容易。你可能有一个很好的想法，但不知道该怎么组织内容；或者你知道大概的拍摄流程，但不知道如何让视频更具叙事性和节奏感。

这时候，DeepSeek R1 就能帮上忙。它可以成为你的“视频策划搭档”，帮你从头到尾梳理视频内容，甚至优化叙事方式，让你的作品更有吸引力。

5.8.1 生成高质量的视频脚本

单纯地告诉 AI “帮我写一个 YouTube 视频脚本”是不够的，因为不同的视频类型需要不同的表达方式。你需要给 DeepSeek R1 提供清晰的方向，包括受众、内容风格、叙事结构等。

你可以使用这样的提示词：

> "帮我编写一段关于 { 主题 } 的 { 视频时长 } 视频脚本。
> 这个视频的目标受众是 { 目标观众 }，内容风格应为 { 风格描述 }，并且要包含以下元素：
> 1. 开场引入（吸引观众注意力）
> 2. 主要内容（介绍产品 / 故事 / 观点）
> 3. 视觉与听觉搭配（如何配合画面与音效）
> 4. 互动引导（鼓励观众点赞、评论、订阅）
> 请确保脚本节奏流畅，并符合 { 平台 } 的内容风格。"

你需要补充的部分如下。

- **{ 主题 }**：视频的核心内容，比如"云南花叔咖咖啡馆探店"。
- **{ 视频时长 }**：短视频通常时长为 1~3 分钟，长视频可能有 10~20 分钟，时长决定了脚本的节奏。
- **{ 目标观众 }**：是美食爱好者、科技爱好者，还是旅游博主的粉丝？
- **{ 风格描述 }**：幽默风趣、科普向，还是纪实风？
- **{ 平台 }**：不同平台的受众不同，比如 B 站适合带有梗的内容，YouTube 适合讲解类视频，抖音则更偏重有节奏感和抓眼球的镜头。

5.8.2　示例：生成 B 站探店视频脚本

如果你要拍摄一段关于云南本地连锁咖啡馆"花叔咖"的探店视频，可以使用这样的提示词：

> “帮我编写一段关于云南本地连锁咖啡馆‘花叔咖’的 3 分钟视频脚本。这家咖啡馆的特点是价格实惠（13~26 元），使用云南本地产的精品豆。目标受众是咖啡爱好者和云南游客。风格应轻松有趣，同时突出咖啡的品质和店铺氛围。”

DeepSeek R1 可能会生成这样的脚本：

[开场]（0:00 ~ 0:10）

[BGM：轻松爵士乐]
（镜头：镜头扫过花叔咖的店面。字幕：昆明最良心的咖啡馆！）
旁白：“今天要带大家探店一家神仙咖啡馆！价格感人，环境治愈，老板还特别懂咖啡！”

[店铺介绍]（0:10 ~ 1:00）

（镜头：店内装潢 + 菜单特写）
旁白：“这里的咖啡豆全是云南本地种植，价格居然只要 13 元起，比某些网红店便宜一半！”

[产品体验]（1:00 ~ 2:00）

（镜头：点单过程 + 拉花特写）
旁白：“这杯手冲咖啡真的很惊艳，花香浓郁，入口顺滑，重点是13元！”

[互动收尾]（2:00 ~ 3:00）

旁白：“你还知道云南有哪些宝藏咖啡馆？在评论区告诉我，下次带你们去打卡！”

5.8.3 为什么 DeepSeek R1 生成的脚本有用

- **节奏流畅**：有明确的起承转合，不会让视频内容显得凌乱。
- **考虑观众体验**：加入视觉元素、音效建议，增强沉浸感。
- **互动引导**：鼓励用户评论、分享，提高视频的传播效果。

如果你觉得脚本不够符合你的风格，还可以让 DeepSeek R1 调整：

> "请让这个脚本更幽默一点儿，加一些 B 站的流行梗。"
> "请优化文案，使其更适合 TikTok/抖音的快节奏短视频风格。"

这样，DeepSeek R1 就能根据不同平台的内容风格，帮你优化剧本。

5.9 场景 9：把你的想法变成真正的产品

过去，如果你有一个产品想法，往往需要找团队、找技术、找资源，但现在，AI 让个人开发者的门槛大大降低。

很多人没有意识到，DeepSeek R1 不仅能帮助你思考产品逻辑，还能真正指导你一步步把想法变成现实，甚至写代码、生成产品文档、优化用户体验。

5.9.1 从 0 到 1 变现你的创意

假设你想开发一个 Chrome 插件，这个插件的功能是当用户打开微信读书页面时，自动获取书籍信息，并让 AI 生成摘要。

你可以这样问 DeepSeek R1：

> “我想开发一个 Chrome 插件，它的功能是当用户打开微信读书页面时，可以获取书籍和作者信息，并将该信息发送给 OpenAI API 进行总结。我没有代码经验，请一步步告诉我应该怎么做。”

你需要补充的部分如下。

- **你的产品功能**：具体要实现什么？是自动抓取数据，还是用户手动触发？
- **你的开发背景**：如果你没有代码经验，DeepSeek R1 会给你更基础的指引；如果你是开发者，它可以提供更专业的方案。

5.9.2　DeepSeek R1 可能给出的实现方案

DeepSeek R1 可能给出的实现方案如下。

需求分析

- 目标：开发一个 Chrome 插件，自动获取书籍信息，并调用 AI 进行总结。
- 目标用户：喜欢高效阅读的人群。
- 技术方案：使用 JavaScript + Chrome 扩展 API。

开发环境搭建

- 安装 Chrome 开发者工具。
- 创建 manifest.json 配置文件。
- 编写 content.js 脚本，获取网页数据。

实现核心功能

- 获取网页 DOM 结构，提取书籍标题和作者。
- 发送数据到 OpenAI API，并获取 AI 生成的摘要。
- 在用户页面上动态显示 AI 生成的内容。

优化用户体验

- 增加一个“总结”按钮，让用户可以手动触发 AI 生成摘要。
- 设计更友好的 UI，让摘要显示更美观。

5.9.3　为什么 DeepSeek R1 适合个人开发者

在当前的技术革命中，个人开发者拥有了前所未有的机会。通过利用强大的工具，如 DeepSeek R1，即便是编程新手也能将抽象的想法转化为具体的产品。在辅助个人开发者创造产品方面，DeepSeek 具有以下优势和能力。

- **降低学习成本**：即使你不懂代码，DeepSeek R1 也可以引导你从 0 到 1 学习开发。
- **提供完整的实现思路**：DeepSeek R1 不仅仅是写代码，还会考虑产品设计、用户体验。
- **帮助你优化产品**：如果你想加入更多功能，可以让 DeepSeek R1 给你推荐改进方案。

无论是短视频创作还是产品开发，DeepSeek R1 不只是你的助手，更是你的思维加速器。它可以帮你把想法落地，让创意真正变成现实。

5.10　总结：掌握 AI 时代的高效工作方式

AI 正在重塑职场工作方式。DeepSeek R1 作为一款推理型大模型，已经具备了超越以往大模型的思维能力，它不再需要“手把手教”，而是能够自主分析问题、拆解任务、优化决策。但要真正发挥它的优势，关键在于你如何引导它工作。

1. 让 DeepSeek R1 参与思考，而不仅仅是执行

过去的大模型更像是一个“高级文本生成器”，但 DeepSeek R1 具备了更强的推理能力，它可以从不同角度思考问题，帮你探索新的解决方案。无论是优化简历、策划视频，还是编写 PRFAQ，它都能提供不同维度的分析，帮助你获得更全面的视角。

如果你只是让 DeepSeek R1 机械地执行一个任务，它的价值是有限的。但如果你提供足够的背景信息，让它从宏观的角度思考问题，它就能给你带来真正的创新性启发。

2. 让 AI 融入你的工作流，而不是替代你

本章介绍的多个场景，比如写简历、写周报、策划内容、设计产品、编写脚本、实现技术方案，都不是“让 AI 代替人类”，而是让 AI 参与到工作流中，帮助你提升效率和加深思考深度。

- **简历优化：** DeepSeek R1 不是“模板填充工具”，而是能根据 JD 提炼关键技能，帮你精准匹配岗位。
- **视频脚本：** 它不会“机械化生成文案”，而是可以优化叙事逻辑、调整节奏，让你的内容更吸引观众。

- **产品开发**：DeepSeek R1 甚至可以一步步指导你从 0 到 1 落地一款产品，提供技术实现方案，让 AI 成为你的创业伙伴。

3. 让 AI 适应你的个性化需求

每个人的工作方式都不同，AI 并不是“按一个按钮就能自动完成所有任务”。你需要提供足够的上下文信息、明确你的目标，并不断优化提示词，它才能真正按照你的思维方式提供帮助。

- 你可以让 DeepSeek R1 调整语气，使内容更符合你的品牌调性。
- 你可以要求它用不同的叙事方式，看看哪种风格更吸引用户。
- 你可以让它站在用户、市场、竞争对手等不同角度思考问题，避免片面决策。

掌握 AI 使用方法，已经成为现代职场人的必备技能。DeepSeek R1 不仅仅是一个工具，它是你的智能工作伙伴，能帮助你更高效地完成任务、更深入地思考问题，甚至让你具备更强的创造力和执行力。

真正的 AI 时代，不是让 AI 取代人，而是让 AI 赋能每个人，让我们成为更高效、更具创新能力的职场人。

第 6 章　DeepSeek 辅助学习与写作

> 掌握新知识的最佳方式，就是教别人。
> ——理查德·费曼

知识的获取，向来是人类进步的核心动力。而在 AI 时代，学习的方式正在发生深刻变革。DeepSeek R1 不是一个简单的信息检索工具，而是一台真正的“思维引擎”，可以帮助你搭建完整的知识体系、解析复杂概念、生成针对性的练习题，甚至像导师一样用“费曼学习法”考验你的理解深度。

如果说传统学习是单向吸收知识，那么 AI 赋能的学习更像是一场实时对话，你不再是孤军奋战，而是拥有了一个 24 小时在线的超级学习助手。无论是学习一门新技能、阅读一本书、打磨你的写作，还是规划长期的成长路径，DeepSeek R1 都可以成为你的知识助手，帮你学得更快、更深入、更有方向感。

6.1　快速学习任何行业

在传统的学习方式中，我们需要阅读大量书籍、查找资料、总结笔记、向专家请教、做练习题测试自己，整个过程往往耗时费力。而 DeepSeek R1 作为一个推理型大模型，不仅掌握几乎所有行业和学科的知识，还具备强大的推理能力，能够帮助我们以更高效的方式学习新知识。

相比过去的大模型（如 GPT-3.5）依赖“死记硬背”，DeepSeek R1 更像是一个真正的“导师”，它可以为你制订学习计划、解析复杂概念、提供个性化练习、实时纠正你的误解，甚至引导你进行深入思考。

无论你想学习经济学、数学、编程，还是想掌握一门新语言，DeepSeek R1 都可以成为你的学习助手。本章将介绍几种让 DeepSeek R1 帮助你学习的方法，每一种都能极大地提升你的学习效率，增加你的理解深度。

6.1.1 建立系统的学习大纲

在学习一门新学科时，最难的往往不是理解某个具体的概念，而是不知道从何入手，如何搭建完整的知识框架。传统的做法是去找书单、查网课，但这些资源往往零散不系统，缺乏针对性。

你可以直接让 DeepSeek R1 为你制定个性化的学习大纲，涵盖该学科的核心概念、必读书目、推荐资源，并按照**基础 → 进阶 → 高级**的层次进行安排，让你的学习更加系统化。

提示词示例：

> “我想学习 { 学科 }，请为我制定一个完整的学习大纲，按照‘基础 → 进阶 →高级’的层次组织内容，并推荐合适的学习资源。”

你需要补充的部分如下。

- { 学科 }：可以是经济学、机器学习、哲学、金融、编程等任何领域。
- **你的学习目标**：是想要获得基础认知，还是希望深入研究？

示例：让 DeepSeek R1 帮你制定经济学学习大纲

> “我想系统学习经济学，希望从基础概念到高级理论都能掌握，请为我制定详细的学习大纲。”

DeepSeek R1 可能会生成下面这样的学习框架。

基础阶段（了解核心概念）

- 什么是经济学？什么是宏观经济学与微观经济学？
- 供需理论：市场如何决定价格？
- 机会成本与比较优势
- 经济增长与 GDP
- 推荐阅读：《经济学原理》，曼昆著

进阶阶段（深入理解经济模型）

- 凯恩斯主义与货币主义
- 资本市场与金融体系
- 博弈论基础（囚徒困境、纳什均衡）
- 推荐课程：“MIT 经济学公开课”

高级阶段（应用与研究方向）

- 经济政策分析：政府如何干预市场？
- 行为经济学：为什么人类的决策并不总是理性的？

- 未来趋势：加密货币、AI 与自动化对经济的影响
- 推荐阅读：《贫穷的本质》，阿比吉特 · 班纳吉著

这样，你的学习不再是漫无目的，而是有了一个清晰的路径可以跟随。

6.1.2　用通俗易懂的语言解析复杂概念

在学习过程中，我们经常会遇到难以理解的概念，比如“货币乘数效应”“注意力机制”或“熵增定律”。

很多人的第一反应是去查维基百科或专业书籍，但这些资料往往语言晦涩，解释得过于学术化。如果你希望快速理解一个复杂概念，并且用更容易消化的方式学习，DeepSeek R1 可以用通俗易懂的语言解释，让你更轻松地理解难点。

提示词示例：

> “请用通俗易懂的语言解释 { 概念 }，并举一个现实生活中的例子。”

你需要补充的部分如下。

- ❑ **{ 概念 }**：任何你想理解的术语或理论。

示例：让 DeepSeek R1 解释“货币乘数效应”

> “请用简单易懂的方式解释货币乘数效应，并举一个生活中的例子。”

DeepSeek R1 可能会回答：

> “货币乘数效应指的是银行存款通过贷款不断循环，使得货币供应量比原始存款增加很多倍。
> **现实案例：**假设你把 1000 元存入银行，银行把其中 900 元借给别人，这个人又把 900 元存入银行，银行再借出 810 元……这样循环下去，1000 元的初始存款，可能最终会变成 5000 元的总货币供应量！”

你还可以让 DeepSeek R1 用类比的方式解释，比如：

> “请用奶茶店的例子解释熵增定律。”

DeepSeek R1 可能会回答：

> 如果不加以管理，奶茶店的桌子会越来越乱，菜单也可能被翻得乱七八糟的。只有不断整理和打扫，才能维持秩序。

这样，你就能真正理解概念，而不是死记硬背。

6.1.3 进行“费曼学习法”测试，检查你是否真正掌握了知识

费曼学习法的核心理念是：如果你能用简单的语言向别人解释一个概念，就说明你真正掌握了它；如果你解释不清楚，那就代表你还没有学透。

DeepSeek R1 可以扮演一位“严格的老师”，不断对你的理解提出挑战，确保你真正掌握了知识。

提示词示例：

> 我刚学习了 { 概念 }，请让我用简单的语言向你解释。听完后，你来评价我的理解是否准确，并提出改进建议。

你需要补充的部分如下。

- { 概念 }：你刚学习的内容，比如“均衡价格”或“贝叶斯定理”。

示例：用 DeepSeek R1 测试你对经济学的理解

你可以先告诉 DeepSeek R1：

> “我想测试自己对‘比较优势’的理解。我来解释，请你指出错误。”

你尝试解释后，DeepSeek R1 可能会评价：

> 你的解释基本正确，但遗漏了“机会成本”这一关键概念。你可以再试着补充一下。

这样，你不仅能发现自己的盲点，还能不断完善自己的理解，直到真正掌握概念。

6.1.4　生成练习题，检验你的学习成果

学习的最终目的是应用，而最好的应用方式是做练习题。DeepSeek R1 可以根据你的学习进度定制练习题，让你真正内化知识。

提示词示例：

> “请根据我学习的 { 学科 }，为我生成 5 道练习题，并提供标准答案。”

示例：让 DeepSeek R1 为你生成经济学测试题

你可以说：

> “我刚学习了‘供需曲线’，请为我生成 5 道测试题。”

DeepSeek R1 可能会输出：

```
1. 供需曲线交点代表什么？
2. 当需求增加但供应不变时，价格通常会如何变化？
……（更多题目）
```

这样，你不只是“看懂了”，而是“真正掌握了”。

综合来看，DeepSeek R1 不仅是你的知识库，更是你的学习导师，让你的学习变得更高效、更深入。

6.2 辅助写作

写作是人类表达思想的主要方式，而 DeepSeek R1 不仅仅是一个文本生成工具，它更像是一位智能写作伙伴，可以帮助你优化表达、润色文章、调整文风，甚至进行创意写作。

本节将探讨如何利用 DeepSeek R1 在各种写作场景中提升效率和质量，包括回复邮件、润色文章、梳理大纲、模仿作家风格写作、长篇创作、翻译等方面。

6.2.1 回复邮件

在日常工作中，邮件沟通是不可避免的，但写邮件往往让人头疼：如何措辞得体？如何表达清楚？如何避免过于生硬或过于随意？

DeepSeek R1 在公文类写作中表现极为稳定，尤其适用于正式邮件、商务沟通、客户回复等场景。

例如，你收到了一封邮件，询问你的银行分行代码，而你拖了 7 天才回复，你需要写一封既礼貌又不失专业的邮件来解释情况。

提示词示例：

> “七天前我收到了这封邮件，请帮我用正式的英语回复，说我很抱歉今天才从银行获得准确的反馈，我的 Bank Branch Code 是 CIBKCNBJ400。”

DeepSeek R1 可能会生成这样的回复：

Subject: Apologies for the Delay – Bank Branch Code

Dear Marita,

I sincerely apologize for the delay in my response. I just received the accurate information from my bank today.

Here is the requested Bank Branch Code: CIBKCNBJ400.

Please let me know if any further information is needed. I appreciate your patience and understanding.

Best regards,

[你的名字]

这样一封邮件既简洁明了又礼貌得体，完美符合正式商务沟通的要求。你也可以让 DeepSeek R1 进一步调整语气，举例如下。

- **更加正式：**请让邮件显得更正式一些，适用于高层管理者。
- **更加温和：**请调整语气，使之更礼貌、更有亲和力。

- **更加直接**：请去掉客套话，使邮件简洁高效。

无论是英文邮件还是中文邮件，DeepSeek R1 都能帮你优化表达，节省时间，提高沟通效率。

6.2.2 润色文章

有时候，你已经写好了文章，但觉得表达不够流畅、文笔不够优美、逻辑不够清晰。这时 DeepSeek R1 就能充当你的智能编辑，帮助你优化文章的表达方式，使之更加流畅、生动、具有感染力。

提示词示例：

> “请帮我润色以下文章内容，使表达更生动流畅，更具文学性。”

你需要补充的部分如下。

- 文章的写作目标，比如是严肃论文、科普文章，还是轻松随笔？
- 你希望调整语气，让文章更正式还是更轻松？

示例：让 DeepSeek R1 润色一段技术文章

原始文本：

> 互联网是由程序员们兴建的，这话只说对了一半。写一个程序，把商品按照价格高低顺序排序，这和构建出一个可以做买卖的电商平台不是一回事。

DeepSeek R1 润色后的文本：

> 互联网的世界，确实是由程序员们搭建的，但这只是故事的一半。编写一个算法，让商品按照价格排序，这只是技术的冰山一角，而真正让电子商务蓬勃发展的，是产品、市场与用户体验的无缝结合。

你还可以让 DeepSeek R1 进行更具体的优化，比如：

- “请让文章更有故事感，用比喻和类比增强可读性。”
- “请让文章更专业化，使之适用于在技术论坛发表。”
- “请让文章更幽默，适合发布在个人博客上。”

DeepSeek R1 不会改变文章的核心内容，但它会让表达更加精准、有感染力，让你的文字更具吸引力。

6.2.3　梳理大纲再进行写作

DeepSeek R1 不是一个真正“有整体规划”的作家，它的运作方式是基于上下文预测下一个词，所以如果让它直接写长篇文章，往往会出现前后逻辑不连贯、内容重复、节奏混乱等问题。

解决这个问题的最好方法是：让 DeepSeek R1 先梳理大纲，然后基于大纲逐步展开写作。

提示词示例：

> “我要写一篇 { 文章类型 }，主题是 { 主题 }，预计篇幅为 { 字数 }，请为我制定详细的大纲。”

你需要补充的部分如下。

- {文章类型}：是小说、论文、科普文章，还是商业报告？
- {主题}：比如是“人工智能的未来”“人类移民火星的挑战”等。
- {字数}：1000 字的文章和 5 万字的小说，大纲规划会迥然不同。

示例：让 DeepSeek R1 规划一部《三体》续作的小说大纲

> “我想写一部 5 万字的《三体》续作，希望保持原著风格。请帮我规划 20 个章节的情节概要。”

DeepSeek R1 可能会生成如下大纲。

> - **第一章：宇宙的新访客**——人类收到第二个外星文明的信号。
> - **第二章：黑暗森林的另一种规则**——科学家发现黑暗森林法则可能并非唯一真理。
>
> （后续章节省略）

这样，你可以让 DeepSeek R1 逐步扩展每个章节的内容，确保整部作品的逻辑连贯，不会出现断层。

6.2.4 用特定作家的口吻写作

如果你想让 DeepSeek R1 生成符合你预期的文风，但又难以准确描述想要的风格，可以让 DeepSeek R1 模仿某位作家的笔法，这样更容易得到满意的结果。

提示词示例：

> “请用 { 作家 } 的风格改写以下内容，使之更具 { 风格特点 }。”

你需要补充的部分如下。

- **{ 作家 }**：鲁迅、张爱玲、村上春树、乔治·奥威尔等。
- **{ 风格特点 }**：辛辣讽刺、细腻抒情、哲思深刻、幽默风趣等。

示例：用鲁迅的风格改写文章

原始文本：

> 互联网是由程序员们兴建的，这话只说对了一半。写一个程序，把商品按照价格高低顺序排序，这和构建出一个可以做买卖的电商平台不是一回事。

DeepSeek 改写后（鲁迅风格）的文本：

互联网是新世界，可是在这个新世界里，依旧是“有人吃肉，有人挨饿”。码农们辛辛苦苦码着一行行代码，以为自己在建设未来，殊不知，他们不过是资本机器上的一个齿轮，推着世界，自己却被世界碾得粉碎。

这样，你不仅可以让 DeepSeek R1 帮忙润色文章，还能让它用你喜欢的作家风格重新创作，让文字更有灵魂。

DeepSeek R1 不是你的替代品，而是你的写作加速器。它可以帮助你优化表达、增加文采、调整风格，甚至辅助你进行长篇写作。如果你能掌握正确的提示方式，DeepSeek R1 将成为你最强大的写作搭档。

6.3 辅助阅读

阅读是提升认知的核心能力之一，但在信息爆炸的时代，我们的阅读方式也需要升级。DeepSeek R1 不仅仅是一个搜索工具或电子书助手，它还可以帮助你更高效地理解图书内容、精确提取关键信息、探索复杂概念，并在阅读后进行思维整理。

相比于传统的阅读方式，借助 DeepSeek R1，你可以在阅读前获取背景信息，阅读中进行实时讨论，阅读后进行总结与输出，让知识真正内化。本节将以《思考，快与慢》为例，介绍如何通过 DeepSeek R1 提升你的阅读效率，增加理解深度。

6.3.1 阅读前：建立背景认知，筛选重点内容

在打开一本书之前，你需要明确：

- 这本书的作者是谁？他的研究背景和立场如何？
- 这本书的核心内容是什么？它是否符合你的需求？
- 哪个部分最值得你关注，能与你的目标高度匹配？

这些问题看似简单，但如果依靠传统方法，你可能需要查阅维基百科、翻阅书评、浏览访谈，耗费大量时间。而借助 DeepSeek R1，你可以快速获取关键信息，并避免信息偏见。

1. 了解作者背景

每一本书的观点都与作者的背景密切相关。如果你不清楚作者的研究领域、思想体系，甚至他的学术派别，将很容易在阅读中失去方向，甚至被误导。

提示词示例：

> “给我介绍一下《思考，快与慢》的作者丹尼尔 · 卡尼曼。他的研究背景是什么？写这本书的动机是什么？请仅基于真实可靠的信息回答。”

你可以补充的部分如下。

- 你是否希望 DeepSeek R1 提供**更详细的学术背景信息**（适合研究者）？
- 你是否希望 DeepSeek R1 **简化内容**，以便快速理解？

DeepSeek 可能会回答：

> 丹尼尔 · 卡尼曼是诺贝尔经济学奖得主，专长于行为经济学和心理学。他的研究揭示了人类决策中的系统性偏差，尤其是“系统 1”（直觉思维）和“系统 2”（理性思维）的区别。这本书的写作动机是总结他几十年的研究成果，并向公众普及认知偏差的概念。

了解这些信息后，你可以带着有针对性的问题进行阅读，而不是在阅读过程中被各种专业术语困住。

2. 获取图书概要

面对一本 400 页以上的图书，我们常常会有疑问：“这本书值不值得读？”“它的核心观点是什么？”“如果没有时间精读，我应该抓住哪些重点？”

DeepSeek R1 可以帮你快速总结一本书的核心内容，让你决定是否值得投入更多时间阅读。

提示词示例：

> “请总结《思考，快与慢》的核心内容，并按照‘基础概念、核心观点、案例分析’的结构组织信息。”

你可以补充的部分如下。

- 你是否希望 DeepSeek R1 **提供章节级摘要**，以便更有针对性地阅读？
- 你是否希望 DeepSeek R1 **突出作者的创新点**，而非简单罗列概念？

DeepSeek 可能会生成这样的图书摘要：

- **基础概念**：本书探讨人类的两种思维系统——“系统 1”（快速、直觉）和“系统 2”（慢速、理性）。
- **核心观点**：人类决策充满偏见，常受“锚定效应”“损失厌恶”等认知偏差影响。
- **案例分析**：书中通过多个实验，说明人们如何在金融、商业、医疗等领域犯系统性错误。

这样，你在阅读前就已经建立了基本的认知框架，在阅读时能更快地抓住重点。

3. 根据目标进行选择性阅读

并不是所有的书都需要从头到尾读完，你可以根据你的阅读目标来筛选最相关的章节。

提示词示例：

> “我是产品经理，需要学习如何优化定价策略。我应该阅读《思考，快与慢》的哪些部分？”

DeepSeek R1 可能会给出的建议：

你可以重点阅读以下部分。

- “框架效应”章节：了解消费者如何受价格呈现方式影响。
- “损失厌恶”章节：理解为什么人们对损失的感知比对收益更强烈。
- “决策权重”章节：学习为什么用户在选择定价方案时会偏向某些选项。

这样，你不必“无差别”阅读，而是可以更有针对性地获取有价值的信息。

6.3.2　阅读中：获得示例，加深理解

在阅读过程中，最常遇到的障碍是抽象概念难以理解。DeepSeek R1 不仅可以提供理论解释，还可以通过现实案例、类比、可视化思维等方式帮你加深理解。

1. 请求示例，获得更清晰的理解

提示词示例：

> “我不太理解‘框架效应’。请举 3 个实际的定价策略案例来说明它是如何影响消费者决策的。”

DeepSeek 可能会提供的案例：

- **案例 1**：对于同一款保险产品，在“每月 100 元”与“每天仅需 3.3 元”中，第二种说法能显著提升用户购买率。
- **案例 2**：超市里的“买二送一”看起来比“6.7 折”更划算，尽管实际价格相同。
- **案例 3**：标注“90% 存活率”比“10% 死亡率”更让人愿意接受医疗手术。

这样，你不仅能理解理论，还能直接看到理论在现实中的应用，使知识更加立体化。

2. 与 DeepSeek 探讨图书内容

要想真正深入阅读一本书，不能只是被动地接收信息，而是要进行批判性思考。

提示词示例：

> “在《思考，快与慢》中，卡尼曼强调‘记忆自我’比‘经验自我’更重要，但我觉得这不符合现实。有没有学者提出过不同的观点？”

DeepSeek R1 可能会回答：

> 确实有心理学家提出过不同的看法，比如 X 学者认为，实时体验对幸福感的影响可能比卡尼曼所述的“记忆自我”更重要。他的研究发现……（详细论据）

这样，你可以像与导师对话一样，与 DeepSeek R1 探讨书中的核心观点，激发更深层次的思考。

6.3.3　阅读后：整理、输出和自我检验

阅读的最终目的是将知识转化为自己的认知。DeepSeek R1 可以帮助你整理读书笔记、测试你的理解程度，甚至协助你撰写书评，让你的阅读真正留下可复用的成果。

提示词示例：

> “以下是我记录的阅读笔记，请帮我整理成结构化的读书笔记。”

DeepSeek R1 会帮你组织、提炼、优化信息，让你的学习更具条理性。

这样，阅读不再只是被动吸收，而是可以与 AI 进行实时互动、深化理解、强化输出，让知识真正成为你认知的一部分。

6.4　DeepSeek R1 如何帮助学生学习与家长辅导

在中小学阶段，学习不仅仅是获取知识，更是培养学习习惯和思维能力的过程。但很多学生在学习中会遇到以下挑战。

- **不会做作业**：教材上的解释过于简略，老师讲得太快，孩子课后无法独立完成作业。
- **难以理解复杂概念**：数学公式、物理定律、语法规则等，孩子死记硬背，没有真正理解。
- **缺乏学习规划**：学生往往不知道如何系统复习，导致考试前临时抱佛脚，但效果有限。

与此同时，家长在辅导孩子学习时也经常遇到困扰。

- **不会讲解**：很多家长由于多年未接触学科知识，发现自己已经不会辅导了。
- **缺乏耐心**：孩子不理解，家长一遍遍讲，往往会陷入“讲不明白—孩子不耐烦—家长发火”的恶性循环。

DeepSeek R1 作为推理型大模型，不仅能帮助学生自主学习，还能成为家长辅导孩子的得力助手。

6.4.1 让 DeepSeek R1 解释复杂概念，帮助学生真正理解

有很多学生死记硬背概念，而 DeepSeek R1 可以用生动的方式帮助孩子真正理解知识点。

提示词示例：

> “请用小学生能理解的语言解释 { 概念 }，并举一个有趣的例子。”

你需要补充的部分如下。

- **{ 概念 }**：你希望孩子理解的内容，比如“牛顿第三定律”“分数加减法”“主谓宾结构”等。
- **孩子的年龄段**：是小学、初中，还是高中？不同年龄层的讲解方式会有所不同。

示例 1：让 DeepSeek R1 解释牛顿第三定律

如果你问：

> “请用小学生能听懂的方式解释牛顿第三定律，并举个例子。”

DeepSeek R1 可能会回答：

> 牛顿第三定律的意思是：**你推它，它就推你。**
> 比如，当你在滑冰时，如果用力向后蹬地，地面就会“推”你向前滑。
> 这就是作用力和反作用力。

示例 2：让 DeepSeek R1 解释分数加法

如果你问：

> “请用生动的方式教一个 10 岁孩子学分数加法。”

DeepSeek R1 可能会回答：

> 想象一下，你和朋友去比萨店，每个人都点了一块比萨。你吃了 1/4 块，你的朋友吃了 1/3 块，那你们一共吃了多少？
> **方法：**先找到一个共同的单位（通分），然后相加，就像把不同大小的乐高积木变成同一种大小再拼起来。

这样，学生就能通过直观的例子理解概念，而不是死记硬背公式。

6.4.2　让 DeepSeek R1 生成个性化练习题，巩固知识

理解知识只是第一步，要想真正掌握，还需要通过练习巩固。DeepSeek R1 可以为学生量身定制练习题并提供详细解答，让学生通过做题提升能力。

提示词示例：

> “请根据{科目}的{知识点}，生成 5 道不同难度的练习题，并提供答案解析。”

你需要补充的部分如下。

- **{科目}**：数学、语文、英语、物理等。
- **{知识点}**：比如“长方形面积计算”“英语过去进行时用法”等。
- **题目类型**：选择题、填空题，还是应用题？

示例：让 DeepSeek R1 生成数学练习题

> “请生成 5 道关于‘分数加减法’的练习题，并提供详细解析。”

DeepSeek R1 可能会输出：

题目 1（简单）：1/3 + 1/6 = ?

解析：通分后，1/3 = 2/6，2/6 + 1/6 = 3/6 = 1/2。

题目 2（进阶）：小明吃了 2/5 块蛋糕，小红吃了 3/10 块蛋糕，他们一共吃了多少块蛋糕？

这样，学生不仅能练习，还能学会如何解题，提高思维能力。

6.4.3 让 DeepSeek R1 扮演“耐心导师”，辅助家长辅导

如果家长在辅导孩子作业时发现孩子怎么都听不懂，可以让 DeepSeek R1 来帮忙解释，让 AI 变成“耐心的家庭教师”。

提示词示例：

> “请扮演一名小学老师，帮我辅导孩子完成 { 作业内容 }，一步步引导他思考，而不是直接给答案。”

你需要补充的部分如下。

- **{ 作业内容 }**：比如“如何解一元一次方程”“如何用英文写一篇 100 字的小短文”。
- **孩子的年级**：AI 会根据年级调整讲解方式。

示例：让 DeepSeek R1 引导孩子做数学题

如果你问：

> “请帮我引导一个四年级孩子解 $5x + 10 = 25$。”

DeepSeek R1 的思考如下：

> 嗯，用户让我帮忙引导一个四年级的孩子解方程 $5x + 10 = 25$。首先，我需要考虑四年级学生的数学水平。他们可能刚接触代数，对变量 x 还不熟悉，所以得从基础开始，用具体的方式解释抽象的概念。
>
> 首先，我应该用孩子能理解的语言和例子来引入方程。可以用生活中的例子，比如买东西或者分糖果，这样孩子更容易接受。比如，可以说：“假设你买了一些铅笔，每支 5 元，加上一个笔记本 10 元，总共 25 元，问买了几支铅笔？”这样的情境能让孩子更有代入感。
>
> 接下来，我需要确定孩子是否已经掌握了基本的算术运算，比如加减乘除，特别是逆运算的概念。解这个方程需要用到减法和除法，所以如果孩子还不熟悉这些，可能需要先复习一下。但四年级应该已经学

过了这些运算，所以可能不需要太多复习，但确认一下还是有必要的。

然后，我应该逐步引导孩子思考如何解这个方程。首先，方程是 $5x + 10 = 25$。目标是把 x 单独留在等号的一边。这时候需要解释方程就像天平，两边要平衡，所以对一边做的操作，另一边也要做同样的操作。

首先，方程两边都减 10，这样左边剩下 $5x$，右边变成 15。这时候，孩子可能会问为什么要减 10，我可能需要解释这是为了消除左边的 +10，让方程变得更简单。可以用逆运算的概念，加法的逆运算是减法，所以用减法来抵消。

接下来，得到 $5x = 15$ 后，需要将方程两边都除以 5，得到 $x=3$。这时候要解释乘法的逆运算是除法，所以用除法来消除 5 乘以 x。如果孩子对除以 5 有疑问，我可能需要用具体的例子来辅助，比如分成 5 份，每份是多少。

同时，需要注意步骤之间的逻辑，确保孩子理解每一步的目的，而不仅仅是机械地进行运算。比如问孩子："我们现在要让 x 单独出现，所以需要把加上的 10 去掉，怎么做呢？"这样引导他们自己思考，而不是直接告诉他们步骤。

另外，检查答案是否正确也很重要。让孩子将 $x=3$ 代回原方程，计算左边是否等于右边，$5\times3+10=25$，确实是对的。这样可以增强他们的信心，并验证方法的正确性。

还要考虑孩子可能的困难点，比如为什么先减 10 而不是先除以 5。这时候可能需要用具体的例子或者实物操作来解释操作的顺序，比如如果有 5 个袋子加上 10 元，先去掉 10 元更容易处理剩下的部分。

另外，使用视觉辅助工具可能会有帮助，比如画天平，左边放 $5x$ 和 10，右边放 25，然后逐步移除 10，再分割成 5 份，这样孩子可以直观地看到平衡的过程。

> 最后，保持耐心和鼓励，让孩子在每一步都有参与感，自己动手尝试，这样他们能更好地理解和记住解题的方法。可能还需要通过类似的练习题巩固，比如不同的方程，让他们反复练习步骤，直到掌握。

DeepSeek R1 的回答：

当然！我们可以用孩子能理解的方式一步步引导他们解这个方程。试试这样：

步骤 1：用生活例子引入问题

“假设你有 5 包神秘卡片（每包有 x 张），妈妈又送给你 10 张卡片，现在你一共有 25 张。猜猜每包有多少张卡片？”

（把方程写成：$5x + 10 = 25$）

步骤 2：用“拆礼物盒”比喻

目标：找到 x（每包卡片数）。

问题：现在 x 被藏在“加法盒子”（+10）和“乘法盒子”（×5）里，我们一层层拆开！

步骤 3：先拆“加法盒子”

问孩子：“如果总数 25 张里有妈妈送的 10 张，剩下的卡片来自哪里？”

→ **引导操作**：两边同时减 10，写成：

$5x = 25 - 10$

$5x = 15$

（解释：“就像从礼物盒里拿出 10 张，两边要公平地拿哦！”）

步骤 4：再拆“乘法盒子”

问孩子：“5 包卡片共有 15 张，一包有多少张？”

→ **引导操作**：两边同时除以 5，写成：

$x = 15 \div 5$

$x = 3$

（解释：“把 15 张平均分给 5 包，每包就是 3 张啦！”）

步骤 5：验证答案

让孩子将 $x=3$ 代回原式检查：

$5\times3+10=15+10=25$

（可以画卡片图辅助理解）

小技巧

- 用**实物道具**（如积木、糖果）代替数字，让孩子动手操作。
- 强调“等号两边要公平”，要像天平一样保持平衡。
- 完成后夸赞：“你像数学家一样破解了密码！”

试试看，孩子会觉得数学像侦探游戏一样有趣！

这种方式比家长直接告诉答案更能激发孩子的思考能力，让他自己得出结论，真正理解数学逻辑。

6.5 总结：AI 让学习更系统，写作更高效，阅读更智能

AI 正在重塑我们的学习方式。DeepSeek R1 作为推理型大模型，不仅能帮助用户获取知识，还能促进深度理解、优化写作、辅助阅读，并提升个性化学习体验。本章围绕多个学习场景，展示了如何利用 DeepSeek R1 高效学习，并扩展了 AI 在学生学习和家长辅导中的应用。

1. AI 让学习更加系统化

传统学习往往缺乏体系感，DeepSeek R1 可以帮助用户：

- 制定**完整的学习大纲**，按照“基础 → 进阶 → 高级”组织内容；
- 用**通俗易懂的方式**解析复杂概念，并通过类比让理解更加直观；
- 采用**费曼学习法**进行反向测试，确保真正掌握知识，而非只是浅层记忆；
- 生成**有针对性的练习题**，帮助用户巩固知识，提高学习效果。

2. AI 让写作更高效、更有逻辑

写作不只是组织语言的过程，更是思考的延伸。DeepSeek R1 在写作中的核心价值在于：

- 提供**精准润色**，让表达更流畅、专业；
- 帮助**构建清晰的大纲**，避免长篇内容结构混乱；
- 模仿**不同作家风格**，帮助用户塑造个性化文风。

3. AI 让阅读变得更加智能

阅读不仅仅是获取信息，更需要有效地理解与思考。DeepSeek R1 在阅读中的作用包括：

- **在阅读前**，提供作者背景、图书概要，帮助用户快速筛选重点内容；
- **在阅读中**，通过案例、类比、思维导图等方式加深理解；
- **在阅读后**，帮助整理读书笔记、生成测试题，确保知识内化。

4. AI 在学生学习与家长辅导中的新应用

中小学生的学习和课业辅导是很多家长日常面临的难题，但是

在 AI 的帮助下，学习可以变得更加个性化和简单。在这个过程中 DeepSeek R1 能够：

- **辅助小学生、初中生做作业**，提供逐步推理，而非直接给出答案，培养学生的思维能力；
- **帮助家长更科学地辅导孩子**，提供知识点解析、学习方法建议，并优化亲子互动方式；
- **生成个性化学习内容**，根据孩子的学习进度和薄弱点，调整学习方案，提升学习效率。

未来的学习方式将更加智能化、个性化，AI 不再是单纯的信息提供者，而是学习的“思维加速器”。无论是自学者、职场人士，还是学生和家长，DeepSeek R1 都可以成为他们的高效学习伙伴，帮助每个人打破知识边界，让学习变得更深入、更高效、更有趣。

第三部分

AI 进阶玩法

第 7 章 DeepSeek 创作联盟

> 创造力就是把事物联系起来。
> ——史蒂夫·乔布斯

DeepSeek R1 作为推理型大模型，具备强大的逻辑分析、知识整合和文本生成能力，但它的本质仍然是一个基于文字的 AI。这意味着，它可以协助写作、思考、归纳总结，但无法直接处理图像、音视频、思维导图等更丰富的信息载体。

那么，如果我们把 DeepSeek 和其他 AI 工具结合起来呢？当 DeepSeek 负责生成结构化内容，Kimi 负责自动制作 PPT，即梦负责 AI 生成视觉海报，Xmind 负责思维导图，剪映负责一键成片……你会发现，AI 的效果远不止 1+1>2，而是让整个创意生产过程实现自动化、智能化、批量化。

在这一章中，我们就来探索 DeepSeek + 其他 AI 工具的组合玩法，看看如何用 AI 让你的学习、创作、工作全面提效！

7.1 DeepSeek + Kimi：AI 时代的 PPT 生产力革命

制作一份精美又有逻辑的 PPT，从来不是一件轻松的事。大多数人都经历过这样的情况：内容难构思、数据难整理、设计难优化，花费了几个小时甚至一整天，最终做出的 PPT 却依然缺乏亮点、逻辑混乱，视觉效果也不够吸引人。

现在，借助 DeepSeek R1 + Kimi 这对 AI 组合，我们可以让 AI 生成高质量内容，再通过 AI 自动排版和视觉优化，让 PPT 制作效率提升数倍！

如果你经常需要制作 PPT，无论是职场汇报、商业路演、论文答辩还是市场分析，这套 DeepSeek + Kimi 工作流都能让你的 PPT 制作更快、更准、更专业！

7.1.1 为什么要用 DeepSeek + Kimi

利用 AI 生成 PPT 并不是什么新鲜事，早在很多年前就有各种智能 PPT 生成工具了，但问题是：

- 许多 AI 工具生成的 PPT 逻辑混乱、内容堆砌，无法真正满足专业需求；
- 很多智能排版工具只能美化 PPT，无法优化内容，导致视觉和逻辑脱节。

DeepSeek R1 和 Kimi 的组合恰好解决了这些问题。

1. DeepSeek R1 负责内容逻辑（核心信息结构化）

- DeepSeek R1 是推理型大模型，能理解复杂需求，提供结构化的逻辑框架。
- 你可以给 DeepSeek R1 提供 PPT 主题，它会自动将其拆解成清晰的章节，让内容更具逻辑性。

- DeepSeek R1 还能补充数据、案例、市场分析，提高专业性，避免 PPT 中只有空泛的概念。

2. Kimi 负责视觉呈现（智能美化 + 排版优化）

- **自动匹配 PPT 版式**，比如科技风、商务风、学术风，不再需要手动调整格式。
- **将数据转换为可视化图表**，减少冗余文字，增强 PPT 的视觉冲击力。
- **一键生成完整 PPT**，省去烦琐的排版调整，极大地提高了制作效率。

一句话总结：DeepSeek 让你的 PPT 内容更有逻辑性，Kimi 让你的 PPT 外观更吸引人！

7.1.2 如何用 DeepSeek 生成 PPT 逻辑

在制作 PPT 之前，首先需要一个清晰的框架，而不是一上来就排版。

1. 第一步：告诉 DeepSeek 你的需求

可以使用以下提示词，让 DeepSeek 先帮我们规划 PPT 结构：

> “我是一个 { 领域 } 从业者，需要制作一份关于 {PPT 主题 } 的 PPT，主要面向 { 目标受众 }，希望内容重点涵盖以下几点：
>
> - 介绍该主题的背景和重要性
> - 分析该主题的核心问题

> - 提供数据支持和行业案例
> - 总结关键观点，并给出行动建议
>
> 请用 Markdown 格式输出 PPT 的大纲，并为每个章节提供 2~3 个核心观点。”

示例：制作一份“新能源行业趋势分析”PPT

> “我是一名投资分析师，需要制作一份关于‘新能源行业趋势分析’的 PPT，主要面向投资人，希望内容重点涵盖以下几点：
>
> - 介绍新能源行业的背景和市场规模
> - 细分领域的技术突破和市场机会
> - 关键企业分析（特斯拉、比亚迪、宁德时代）
> - 未来发展趋势与投资建议
>
> 请用 Markdown 格式输出 PPT 的大纲，并为每个章节提供 2~3 个核心观点。”

现在，我们已经有了完整的 PPT 内容结构，并且有了逻辑清晰的内容填充！

2. 第二步：将 DeepSeek 生成的内容导入 Kimi

(1) 复制 DeepSeek 生成的 Markdown 格式的内容。

(2) 打开 Kimi，进入 PPT 生成工具，如图 7-1 所示。

(3) 粘贴文本内容，Kimi 会自动分析结构，并填充更丰富的内容。

(4) 选择“一键生成 PPT”。

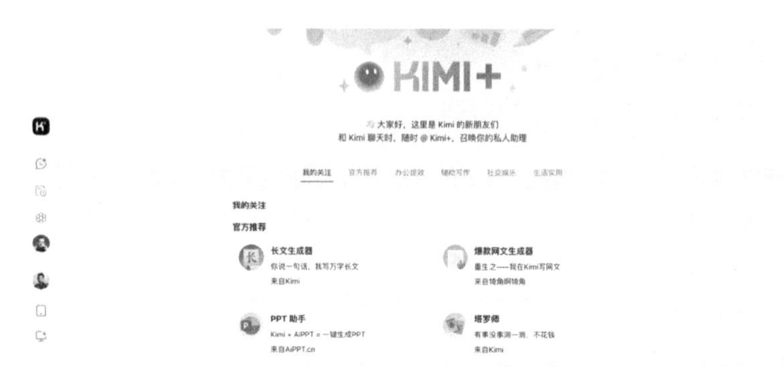

图 7-1　Kimi 主页

3. 第三步：智能美化 PPT

(1) **选择合适的模板**：Kimi 提供了简约、科技、商务等多种风格的 PPT 模板，可根据你的主题选择合适的模板，如图 7-2 所示。

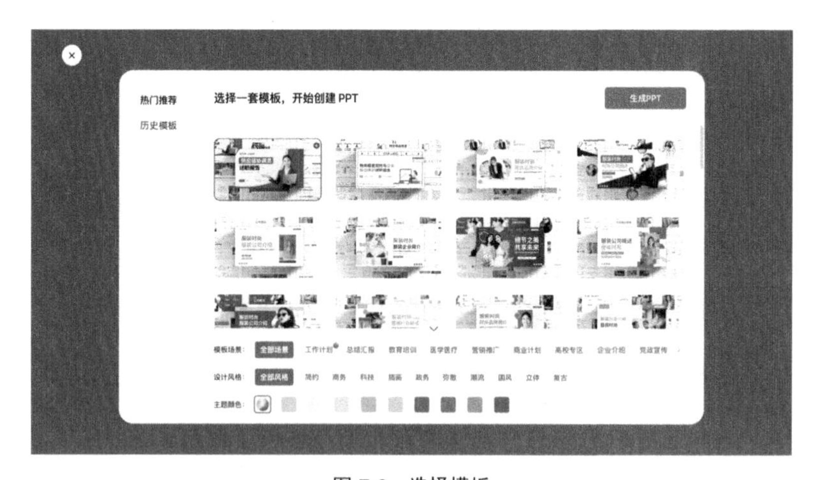

图 7-2　选择模板

(2) **让 Kimi 生成可视化图表**：对于数据部分，Kimi 会自动匹配柱状图、折线图、热力图，让信息更直观。

(3) **自动优化排版**：Kimi 会调整字体大小、间距、层级结构，让 PPT 更专业、易读。制作完成的 PPT 如图 7-3 所示。

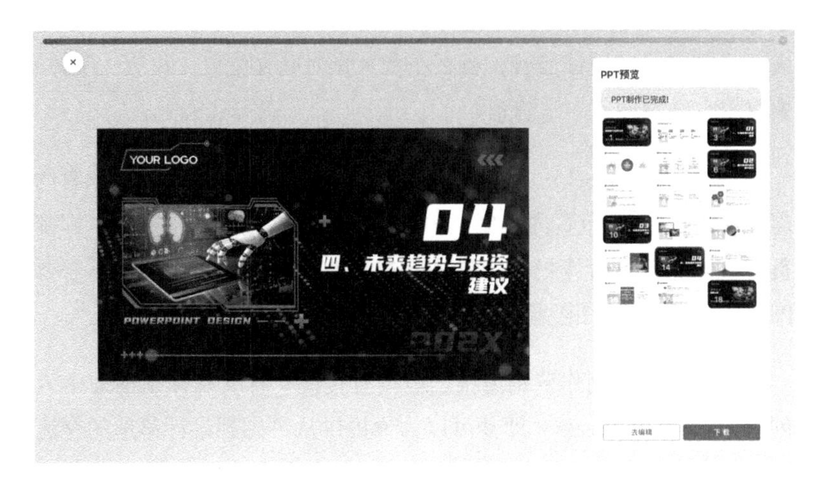

图 7-3 制作完成的 PPT

7.1.3 总结：AI 让 PPT 制作更高效！

传统的 PPT 制作流程包括构思、整理内容、排版设计、调整格式，制作一份 PPT 动辄 3~4 小时，而 DeepSeek + Kimi 将整个过程缩短到 10~20 分钟。

DeepSeek 让 PPT 内容更有深度，Kimi 让 PPT 视觉更有冲击力！

如果你是职场人士、学生、企业家或者研究员，这种 AI PPT 生成方式能极大地提高你的生产力，将你从烦琐的排版中解放出来，让你把时间花在更重要的事情上！

7.2　DeepSeek + 即梦：让 AI 帮你高效生成海报

在这个信息过载、视觉先行的时代，一张精美、吸睛的海报往往比一长串文字更能吸引关注。但海报设计是一项技术活儿，普通人要么苦于没有设计经验，要么花费大量时间在配色、排版、字体、素材上，结果还不一定满意。

现在，DeepSeek + 即梦的组合，让 AI 生成海报变得前所未有的简单。DeepSeek 负责内容创意，生成精准的文案和海报概念，即梦负责视觉呈现，直接把你的想法变成专业级海报，整个过程不需要 PS，不需要 AI 绘图经验，也不需要折腾复杂的排版工具。

如果你需要制作营销海报、电商宣传图、社交媒体封面或个人创意作品，DeepSeek + 即梦可以为你提供从灵感到设计落地的全流程 AI 支持。

7.2.1　为什么要用 DeepSeek + 即梦

许多 AI 绘图工具都能生成好看的图片，为什么推荐使用 DeepSeek + 即梦组合来制作海报呢？这个组合有三个难以替代的优势。

1. DeepSeek 负责创意构思，让海报内容更合逻辑

- 传统 AI 绘图工具难以理解复杂的文字需求，导致生成的图片往往缺乏明确的主题。
- DeepSeek 作为推理型大模型，可以分析海报需求，并将其拆解成核心元素，比如适合的主题、色调、排版、关键视觉符

号，确保海报逻辑清晰。

- DeepSeek 还能帮你优化文案，让海报上的主标题、副标题、宣传口号更有吸引力，避免“看起来很厉害但读不懂”的尴尬情况。

2. 即梦负责视觉呈现，精准生成带中文字体的高质量海报

许多 AI 绘图工具在中文字体生成方面表现不佳，而即梦专门针对中文字符、商业海报进行了优化，能稳定生成清晰的中文文字，不会出现乱码、缺字等问题。

即梦能一键调整图片比例，比如适配社交媒体封面、公众号配图、电商宣传图等不同需求，真正做到即用即生成。

3. 结合 AI 生成与人工调整，让海报更符合需求

你可以用 DeepSeek 生成多个方案，然后交给即梦一键生成多张海报，再对比选择最合适的风格。

生成的海报如果有细节问题，可以手动调整，比如更换字体、修改颜色，这让 AI 设计变得更灵活，而不是“一键出图不可修改”。

> **一句话总结**：DeepSeek 让 AI 懂你的需求，即梦让 AI 画出符合你需求的海报。

7.2.2　如何用 DeepSeek 生成 AI 海报

制作 AI 海报的第一步是明确需求，好的提示词能让 AI 生成更精准的内容。

1. 第一步：让 DeepSeek 生成海报内容

你可以给 DeepSeek 这样一个提示词：

> “我要设计一张 { 主题 } 的海报，适用于 { 使用场景 }，目标受众是 { 人群 }，希望风格呈现 { 风格描述 }，主标题是 { 主标题 }，副标题是 { 副标题 }，画面包含 { 核心元素 }。请帮我生成 3 条适合发给 AI 文生图模型生成海报的提示词，并分别展示在代码框中，方便我进行复制。”

示例：科技公司招聘海报

> “我要设计一张‘科技公司 AI 研发岗招聘’的海报，适用于公众号推文封面，目标受众是计算机专业的年轻求职者，希望风格呈现科技未来感，主标题是‘探索 AI 未来’，副标题是‘加入我们，共创智能新时代’，画面包含 AI 机器人、代码元素、未来科技风格城市。请帮我生成 3 条适合发给 AI 文生图模型生成海报的提示词，并分别展示在代码框中，方便我进行复制。”

需要注意的是，上面是在需求比较明确的情况下适用的提示词。当然，你完全可以省略其中一部分要求，把创造的权利交给 DeepSeek。现在，我们已经有了海报的清晰构思和文案，接下来就交给即梦来完成海报！

2. 第二步：将 DeepSeek 生成的提示词输入即梦

(1) 打开即梦 AI，进入图片生成工具，如图 7-4 所示。

(2) 复制 DeepSeek 生成的提示词，并粘贴到即梦的输入框中。

(3) 调整图片比例（9:16 适合手机屏，16:9 适合网页封面）。

图 7-4 即梦 AI 主页

(4) 点击“立即生成”按钮，等待 AI 输出海报。图 7-5 所示是即梦根据提示词一次性生成的海报，具有未来的科技风格和主题很相符，同时中文字符的精准展现在目前文字生成图片的产品中也非常难得。如果你对细节不满意的话，还可以在即梦内进行进一步的调整加工。

图 7-5 即梦生成的海报

7.2.3　总结：AI 让海报设计更简单！

过去，设计一张专业级海报需要构思 + 找素材 + 排版 + 调整，整个流程可能需要几个小时甚至一天。而现在，DeepSeek + 即梦让你用 10~20 分钟就能生成一张专业海报！

> **一句话总结**：DeepSeek 让 AI 理解你的需求，即梦让 AI 画出符合你需求的海报！

如果你是运营人员、市场人员、电商主播、设计师或内容创作者，用这套 AI 工作流程能大大提升你的效率，解放你的生产力！

7.3　DeepSeek + Xmind：让 AI 帮你自动生成思维导图

在这个信息爆炸的时代，高效地整理知识、搭建思维框架成了学习和工作中必不可少的一项能力。思维导图（mind map）是一个强大的工具，能帮助我们更好地组织信息、规划项目、增加思考深度。但很多人手动绘制思维导图时，往往会遇到逻辑不清、节点混乱、耗时太长等问题。

现在，DeepSeek + Xmind 的组合，让你可以用 AI 一键生成高质量思维导图，不仅省时省力，还能优化逻辑结构、提升可视化效果，让你的学习、工作、头脑风暴更加高效！

如果你想快速整理一本书的核心内容、系统规划一项复杂任务、梳理论文思路或制定一份商业策略，DeepSeek + Xmind 将是你的终极思维助手。

7.3.1 为什么要用 DeepSeek + Xmind

虽然很多人已经在用 Xmind 手绘思维导图，但 DeepSeek 的加入能大幅提升思维导图的生成效率、优化逻辑结构，并减少人工整理的工作量。

1. DeepSeek 负责生成清晰的知识结构

- **自动提取核心概念**：DeepSeek 具备强大的逻辑分析能力，可以一键提炼复杂内容的核心要点，不需要你手动梳理信息。
- **智能优化层级结构**：传统的 AI 生成思维导图往往逻辑混乱，而 DeepSeek 能基于因果关系、层次分析法（AHP）、SWOT 分析等模型，自动优化节点层级，让思维导图更直观。
- **高效处理长文本**：如果你需要整理一本书或者一份商业报告，DeepSeek 可以直接从长文本中提炼核心知识点，自动分类并将其转化为思维导图结构。

2. Xmind 负责可视化呈现

- **导入 Markdown 结构，自动生成思维导图**：DeepSeek 生成的文本格式可以直接导入 Xmind，省去手动绘制的麻烦。
- **个性化风格，让信息更直观**：Xmind 具有丰富的导图自定义功能，你可以根据具体用途选择最合适的视觉呈现方式。
- **拖动调整，支持团队协作**：Xmind 不仅支持调整结构，还支持多人在线协作，特别适合会议记录、知识整理、项目管理等场景。

一句话总结：DeepSeek 帮你把复杂内容结构化，Xmind 帮你把思维结构可视化！

7.3.2　如何用 DeepSeek 生成思维导图

要想用 DeepSeek 生成高质量的思维导图，首先要让它理解你的需求。你可以使用这样的提示词：

> “我需要整理关于 { 主题 } 的思维导图，适用于 { 使用场景 }，目标受众是 { 对象 }，希望采用 { 分析框架 } 进行逻辑分类，并确保结构清晰，每个分支不超过 { 节点数 } 个。请以 Markdown 格式输出，以方便导入 Xmind。”

示例 1：整理一本书的核心内容

> “我需要整理《思考，快与慢》的思维导图，适用于个人学习，目标是快速了解书中的核心观点。请使用‘双系统理论’框架进行分类，并确保结构清晰，每个分支不超过 5 个。请以 Markdown 格式输出，以方便导入 Xmind。”

示例 2：商业策略分析

> “我需要整理 2025 年中国新能源汽车产业链的思维导图，适用于行业分析报告，目标是清晰展现整个产业链的结构。请使用‘PEST 分析’框架进行分类，分别从政策（P）、经济（E）、社会（S）、技术（T）四个角度拆解，并确保结构清晰，每个分支不超过 4 个。请以 Markdown 格式输出，以方便导入 Xmind。”

现在，我们已经有了清晰的知识框架，下一步就是把它导入 Xmind，生成思维导图！

7.3.3　如何用 Xmind 生成思维导图

(1) 将 DeepSeek 生成的 Markdown 文本导入 Xmind。

(2) 打开 Xmind，选择“新建导图”。

(3) 从左上角打开菜单栏，选择“导入文件”，接着选择 DeepSeek 生成的 .md 文件，如图 7-6 所示。

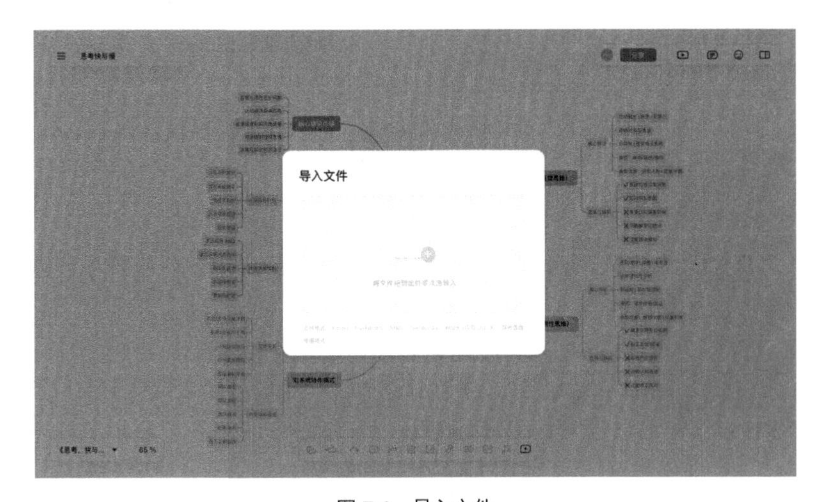

图 7-6　导入文件

(4) Xmind 自动生成思维导图（仅需 1 秒），如图 7-7 所示。

(5) 优化思维导图的视觉呈现。

- 调整层级结构：如果 DeepSeek 生成的结构不够理想，可以在 Xmind 里拖动节点进行调整。

- 增加图标与颜色：Xmind 支持为每个节点添加图标、颜色标记等，让思维导图更直观易懂。
- 添加关系线：对于有逻辑关联的内容，比如“系统 1”和“系统 2”，可以用关系线连接，以突出它们的关系。

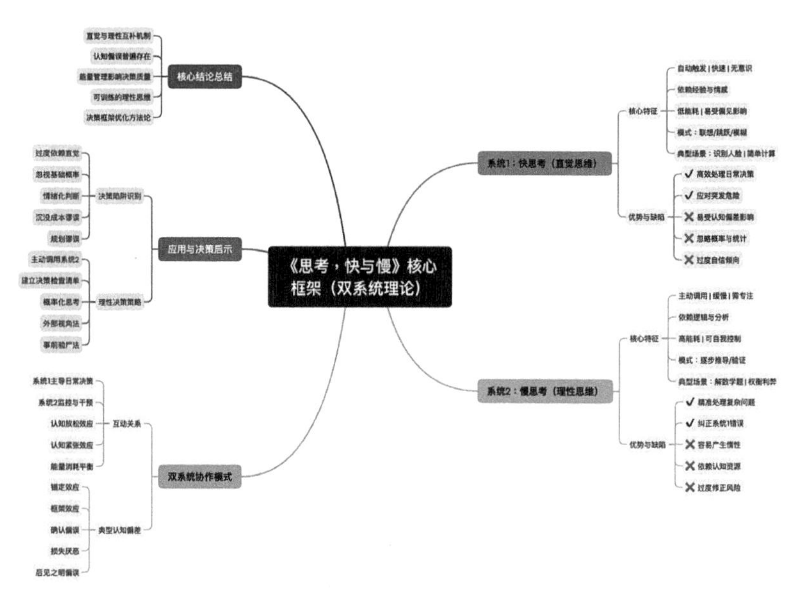

图 7-7　Xmind 自动生成的思维导图

7.3.4　总结：AI 让思维导图更高效！

过去，手动整理思维导图可能要查资料 + 整理 + 绘制，花费几个小时甚至一天。而现在，DeepSeek + Xmind 让你在 5 分钟内就能生成专业级思维导图！

> **一句话总结**：DeepSeek 负责逻辑整理，Xmind 负责视觉呈现！

如果你是学生、职场人士、创业者或者产品经理，用这套 AI 工作流程能大大提升学习和工作效率，彻底解放你的大脑！

7.4 DeepSeek + 剪映：一键生成短视频，让内容创作进入自动化时代

短视频已成为内容创作的主战场，但制作一条优质短视频的门槛并不低。

- 选题方向怎么定？哪些内容最容易吸引观众？
- 文案怎么写？如何做到既专业又有趣？
- 视频素材从哪儿找？怎么配上合适的画面？
- 剪辑怎么做？如何让成片既高效又有质感？

对于很多自媒体人、新媒体运营者、小红书 / 抖音博主来说，在短视频制作中最痛苦的不是剪辑，而是前期的策划和文案撰写。DeepSeek + 剪映的组合能帮助你从 0 到 1 快速生成短视频脚本、自动匹配视频素材，极大地提升创作效率！

如果你想做自媒体、涨粉变现、打造个人 IP、批量化生产短视频内容，DeepSeek + 剪映是你的终极 AI 助手！

7.4.1 为什么要用 DeepSeek + 剪映

在短视频已经成为内容主流的今天，如何高效且持续地产出高质量视频，是所有创作者都在思考的问题。过去，短视频创作往往

需要人工完成策划、写文案、剪辑、配音、调色等多个步骤，周期长、效率低。而 AI 赋能的短视频创作，正在彻底改变这一切。

DeepSeek R1 + 剪映的组合，让短视频制作不再是一个烦琐的过程，而是变成一条智能化、自动化、高效化的生产链。DeepSeek R1 负责内容策划，剪映负责视频生成，创作者只需提供思路，就能快速获得一条专业级短视频，大幅降低创作门槛，提高产出效率。

1. AI 一站式解决短视频创作全流程

从选题 → 文案 → 画面匹配 → 配音 → 剪辑 → 导出，DeepSeek 负责内容策划，剪映负责视频生成，省去大量重复劳动！

2. 让短视频创作变得门槛低、效率高

- **传统创作方式**：选题靠灵感、文案靠手写、视频素材靠手找、剪辑全靠人工，制作一条视频可能要花 3~5 小时。
- **AI 创作方式**：DeepSeek 用 3 分钟生成选题 + 文案 + 脚本，剪映用 5 分钟自动生成视频，一条短视频 10 分钟内就能搞定！

3. AI 生成的文案质量更高、更有吸引力

- DeepSeek 具备强大的内容分析和优化能力，能帮你写出更吸引观众、更容易传播的文案。
- 剪映 AI 能自动匹配合适的画面和配音，让你的短视频既有逻辑又有视觉冲击力。

一句话总结：DeepSeek 帮你想清楚，剪映帮你剪出来！

7.4.2 如何用 DeepSeek 确定选题

首先，要让 DeepSeek 理解你的需求。你可以使用这样的提示词：

> "我是 { 身份 }，希望制作 { 短视频类型 }，目标观众是 { 受众群体 }，请帮我提供 10 个爆款选题，并按照 { 选题标准 } 进行优化。"

示例 1：你是一个职场博主，想制作职场干货类短视频

> "我是一名职场博主，想制作关于'职场生存技巧'的短视频，目标观众是 25~35 岁的职场人。请帮我提供 10 个选题，要求包含数据支持，并采用'数字 + 痛点 + 解决方案'的结构。"

示例 2：你是一个电商主播，想制作产品测评视频

> "我是一名淘宝店主，想制作关于'数码产品测评'的短视频，目标观众是 18~30 岁的科技爱好者。请帮我提供 10 个选题，要求强调产品优势并突出价格反差点。"

选题确定后，下一步就是让 DeepSeek 帮你生成完整的视频脚本！

7.4.3 如何用 DeepSeek 生成短视频脚本

有了选题后，我们需要让 DeepSeek 生成完整的视频脚本，包括开场、内容讲解、结尾 CTA（引导观众互动）。

示例：让 DeepSeek 生成完整的短视频脚本

> “请帮我写一条 60 秒短视频的脚本。在输出完脚本后，请返回一个纯净、完整的口播文案内容，并展示在代码框中以方便复制，不要有任何多余的信息，因为这部分内容将用于在 AI 剪辑工具中生成视频。
>
> 选题是：‘95% 的职场人不知道，这 3 个行为正在毁掉你的职业生涯！’
> - 目标观众：25~35 岁职场人
> - 视频风格：信息流短视频，节奏快，逻辑清晰
> - 结构：
>   1. 开场：3 秒吸引注意力，点出核心痛点
>   2. 内容：列举 3 个常见职场错误，并给出解决方案
>   3. 结尾：引导观众点赞 + 评论 + 关注”

有了脚本和口播文案之后，下一步就可以交给剪映了！

7.4.4 如何用剪映 AI 一键生成短视频

(1) 打开剪映，选择“图文成片”功能，如图 7-8 所示。

图 7-8 选择“图文成片”功能

(2) 点击“开始创作”，将 DeepSeek 生成的文案粘贴进去，如

图 7-9 所示。

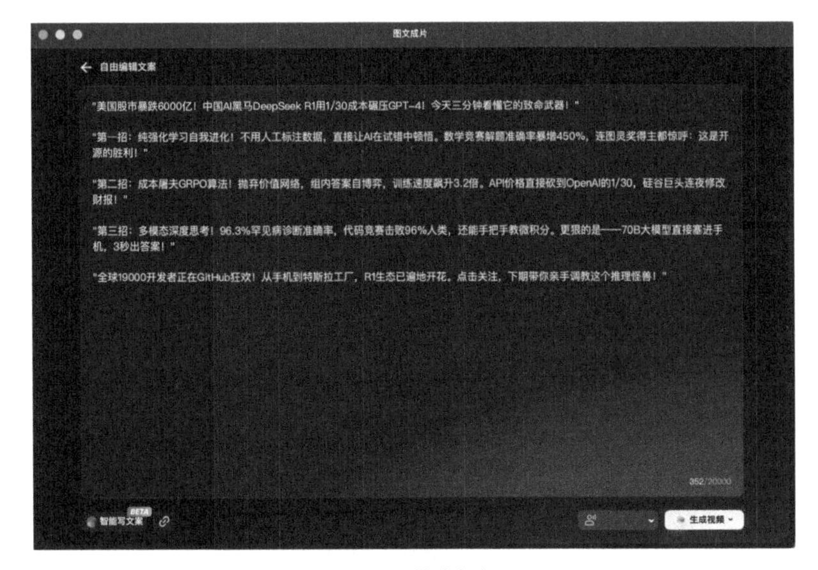

图 7-9　粘贴文案

(3) 剪映 AI 自动匹配视频素材，你可以调整文案展示方式。

(4) 调整视频风格。

- 选择合适的画面比例（9:16 适合抖音，16:9 适合 B 站 /YouTube）。
- 添加字幕、转场动画，让视频更流畅。
- 选择合适的 AI 配音（比如女声、男声、少年音等）。

7.4.5 总结：AI 让短视频制作提效 10 倍！

短视频行业竞争激烈，内容创作的核心挑战不只是“制作”，更是如何“持续高效地创作”。

DeepSeek + 剪映的组合，正在让这一切变得更加简单和高效。它不仅能自动化短视频创作流程，还能帮助内容创作者持续稳定地产出高质量视频，极大地提高创作效率。

如何理解这套 AI 组合的价值？你可以从以下几个方面来看。

1. AI 让短视频生产流程高度自动化

过去，从策划选题到视频剪辑，完成一条短视频可能需要 3~5 小时甚至更长时间。而现在：

- DeepSeek 能在 3 分钟内生成选题、文案、脚本，让你不再为创意发愁；
- 剪映 5 分钟即可完成自动剪辑视频、智能匹配画面、合成字幕和配音，让你彻底告别烦琐的手动剪辑；
- 整个流程 10 分钟内就能搞定，比传统制作方式提效 10 倍。

2. AI 让短视频质量更高、更有吸引力

AI 不是简单地“机械化生产”，而是能基于算法优化内容，确保短视频更具吸引力。

- **DeepSeek 提供高质量内容策划**，生成专业、流畅、适合传播的文案。
- **剪映 AI 匹配最佳画面和剪辑风格**，确保视频在视觉和节奏上更具冲击力。
- **AI 配音、自动添加字幕、智能匹配动画**，让短视频成片更加专业。

3. AI 适用于所有短视频创作者

无论你是自媒体人、电商主播、新媒体运营者，还是品牌推广人员，这套 AI 方案都能帮助你大幅提升短视频生产效率，让你把更多时间放在内容创意和品牌运营上，而不是浪费在重复性工作上。

一句话总结：DeepSeek 负责策划，剪映负责生成视频，你只需提供思路，AI 就能帮你完成一切！

用 DeepSeek + 剪映，让 AI 变成你的专属短视频制作团队！

第 8 章　DeepSeek 高级玩法

> 任何足够先进的技术，都与魔法无异。
>
> ——阿瑟·克拉克

在前面的章节中，我们探讨了如何使用 DeepSeek R1 进行学习、阅读、写作以及各种工作场景的优化。然而，所有这些应用都是基于网页或官方 App 端交互的方式。

AI 的使用方式不应该只有上述这些。在某些情况下，我们可能并不希望所有数据都经过云端，又或者你有某些翻译、写作、客服等任务，希望 AI 能够自动化地完成，或实现与你的产品更丰富的整合。

在上述两种情况下，通过本地部署或 API 调用的方式使用 DeepSeek 就成了你的另外两种选择。本章将深入介绍这两种方式各自的特点、优势以及适用场景等。

8.1　本地部署 DeepSeek R1

在某些情况下，我们可能并不希望所有数据都经过云端，或者希望 AI 能在完全离线的环境下运行，甚至是对 AI 进行定制化微调，让它适应特定行业或个人需求。

这时候，本地部署一个开源的大模型，就成了一种理想的选择。而 DeepSeek R1 作为一个开源的推理型大模型，其轻量化版本（如 7B、14B、32B 参数规模的模型）可以被下载到本地运行，从而摆脱云端限制。

在这一节中，我们将探讨如何在本地部署 DeepSeek R1，并且结合实际场景，说明它在数据隐私、离线使用、成本控制、定制化等方面的优势。

8.1.1 为什么要在本地部署 AI

你可能会问：DeepSeek R1 云端用得好好的，为什么要费力把它部署到本地？事实上，本地部署 AI 并不是“为了好玩”，而是由许多现实需求驱动的。

1. 保护数据隐私

云端 AI 的所有输入都需要通过网络传输到服务器，这意味着：

- 你的商业计划、研究报告、法律文书等敏感数据，在云端处理时可能会面临数据泄露的风险；
- 某些行业（如金融、医疗等）对数据安全有严格要求，不能将数据传输到外部服务器；
- 即便 AI 提供商承诺不存储数据，数据仍然可能被用于训练新模型，从而间接影响隐私。

而本地部署的 AI 完全在你的计算机或服务器上运行，数据不会离开你的设备，即使离线也可以使用。这对企业和高隐私需求用户来说是一个关键优势。

适用场景

- **律师事务所**需要 AI 处理合同文书，但数据不能传输到云端。
- **科研机构**需要 AI 分析实验数据，而这些数据受保密协议保护。
- **个人用户**希望 AI 处理自己的日记、聊天记录，不希望信息外泄。

2. 离线可用，不依赖网络

很多 AI 用户遇到过这样的情况：网络不好，模型卡顿，API 限流，甚至服务器宕机。这些问题在本地部署模式下根本不存在，因为模型完全在你的设备上运行，你不需要依赖任何外部服务器。今年春节期间，由于 DeepSeek 用户量经历了史无前例的大规模增长，他们的服务常常处于不可用的状态，使用离线模型便是解决这个问题的最佳方式之一。

适用场景

- **无网络环境**，比如在飞机上、远程山区、实验室封闭环境中依然可以使用 AI。
- **云端 API 的调用有频率限制**，比如你需要 AI 进行大量文本分析，但云端 API 有速率限制时。

3. 控制长期使用成本

云端 AI 服务通常按照调用次数、使用时长或者算力资源收费，如果你长期使用 AI，成本会越来越高。而本地部署的 AI 只需一次性投资硬件设备，就能长期使用，特别适合高频次调用场景。

适用场景

- **企业客服**：每天需要 AI 处理大量客户咨询，本地部署后可无限次调用，而不会产生额外成本。
- **个人开发者**：需要 AI 进行大量文本处理（如写作、翻译、代码生成），长期来看，本地部署比 API 便宜得多。

4. 支持个性化定制

本地部署还意味着你可以对 AI 进行更多定制。

- **微调模型**：你可以在本地用自己的数据对 AI 进行额外训练，使其更符合特定行业需求。
- **接入私有数据库**：你可以让 AI 访问你的企业文档、研究论文、项目代码，而不是只依赖通用的互联网数据。
- **调整模型参数**：如果你希望 AI 在生成文本时更加严谨、简洁或符合某种格式，可以直接修改其推理方式。

适用场景

- **法律咨询公司**：希望 AI 熟悉特定法律条款，而不是使用通用法律知识库。
- **科技公司**：希望 AI 熟悉内部 API 文档和代码库，以帮助开发者更高效地写代码。

8.1.2 如何本地部署 DeepSeek R1

目前，最方便的方式是使用 Ollama 这个工具，它可以让你在本地一键运行 AI 模型，并且支持 DeepSeek R1 的开源版本。

1. 安装 Ollama

安装 Ollama 的步骤如下。

(1) 访问 Ollama 官网，下载适用于 Windows/macOS/Linux 的安装包。

(2) 安装后，在终端输入以下命令，检查是否安装成功：

```
ollama -v
```

(3) 如果输出 Ollama 版本号（如 0.5.7），说明安装成功。

2. 下载 DeepSeek R1 模型

DeepSeek R1 目前提供了多个参数规模的开源模型，比如 7B、14B、32B，你可以选择适合自己设备的版本。

下载 7B 版本（适用于普通消费级显卡，如 RTX 3060）的代码如下：

```
ollama pull deepseek-r1:7b
```

下载 32B 版本（需要高性能的 GPU，如 RTX 4090）的代码如下：

```
ollama pull deepseek-r1:32b
```

3. 运行 DeepSeek R1 并开始交互

在本地成功安装 DeepSeek R1 之后，你可以通过命令行、Open WebUI 或 Chatbox AI 三种方式来与 AI 进行交互。

- **使用命令行**

如果你习惯使用命令行，可以直接在终端中运行 DeepSeek R1：

```
ollama run deepseek-r1:7b
```

之后，你就可以在终端窗口输入问题，并获得 AI 的回答。

虽然命令行交互简单直接，但它并不适合长期使用，尤其是当你希望保存聊天记录、使用多轮对话功能，或者进行复杂文本处理时。因此，你可以考虑使用图形用户界面（GUI）工具，比如 Open WebUI 或 Chatbox AI。

- **使用 Open WebUI 提供图形用户界面**

如果你希望在浏览器中与 DeepSeek R1 交互，而不是在终端输入命令，可以安装 Open WebUI，它提供了对话记录、参数调整、模型切换等功能，让本地部署 AI 的体验更接近 ChatGPT Web 版。

安装 Open WebUI 的步骤如下。

(1) 安装 Docker

Open WebUI 需要在 Docker 容器中运行，因此，你需要先安装 Docker。

- ❑ **Windows/macOS 用户**：访问 Docker 官网下载并安装 Docker Desktop。
- ❑ **Linux 用户**：在终端运行以下命令安装 Docker。

```
curl -fsSL https://get.docker.com | sh
sudo systemctl start docker
```

(2) 运行 Open WebUI 容器

安装好 Docker 后，运行以下命令来启动 Open WebUI：

```
docker run -d -p 3000:8080 \
  --add-host=host.docker.internal:host-gateway \
  -v open-webui:/app/backend/data \
  -e OLLAMA_BASE_URL=http://host.docker.internal:11434 \
  --name open-webui --restart always \
  ghcr.io/open-webui/open-webui:main
```

说明

- 这个命令会在本地运行一个 Open WebUI 实例，并绑定 DeepSeek R1 的 API 地址（http://localhost:11434）。
- 你可以通过访问 http://localhost:3000 来使用 Open WebUI。

(3) 绑定 DeepSeek R1 模型

在浏览器中打开 http://localhost:3000，进入 WebUI 界面后，注册账号并登录。在左下角的“模型管理”页面，选择你已经下载的 DeepSeek R1 版本（例如 deepseek-r1:7b）。然后，你就可以像 ChatGPT 一样，在浏览器中与 DeepSeek R1 进行对话了！

适用场景

- **长期使用**：可以保存历史记录、管理多个 AI 模型。
- **团队协作**：支持多用户共享一个本地 AI 服务。
- **复杂任务**：如长篇写作、代码生成、论文辅助等。

- **使用 Chatbox AI 提供轻量级对话界面**

如果你不想安装 Docker，或者只想快速、轻量地在本地运行 AI，可以使用 Chatbox AI。Chatbox AI 是一个简单易用的客户端，支持本地 AI 模型，可以让你像使用 ChatGPT Web 版一样使用 DeepSeek R1。

安装 Chatbox AI 的步骤如下。

(1) 下载并安装 Chatbox AI

访问 Chatbox 官网，下载适用于 Windows、macOS 或 Linux 的版本。安装完成后，打开 Chatbox AI 客户端。

(2) 配置本地 Ollama 接口

在 Chatbox 的设置页面，选择“使用自己的 API Key 或本地模型”模式，如图 8-1 所示。

图 8-1　选择“使用自己的 API Key 或本地模型”模式

在“选择并配置 AI 模型提供者”中选择 Ollama API，如图 8-2 所示。

图 8-2　选择 Ollama API

在 API 配置中，填写本地 Ollama 服务器的地址：

```
http://localhost:11434
```

在“模型”字段填写你已经下载的 DeepSeek R1 版本，如图 8-3 所示，例如：

```
deepseek-r1:8b
```

图 8-3 选择 DeepSeek R1 版本

(3) 启动 DeepSeek R1 并进行测试

确保你的本地 AI 服务已经启动：

```
ollama run deepseek-r1:7b
```

然后在 Chatbox 界面中输入一个问题，如图 8-4 所示。

适用场景

- 适合个人用户，界面简洁，使用方便。
- 不需要 Docker，安装即用，适合轻量化需求。
- 适合临时查询、写作辅助、编程问答。

图 8-4　在 Chatbox 界面中输入一个问题

- **选择合适的交互方式**

在本地部署 DeepSeek R1 后，你可以选择不同的方式与 AI 进行交互。不同的交互方式各有优劣，适用于不同的使用场景。例如，开发者可能更倾向于直接在终端运行命令，而团队协作则更适合采用 Web 界面。选择合适的交互方式，可以让你在不同的应用场景下最大化地发挥 AI 的价值。

表 8-1 对比了三种主要的交互方式，包括它们的安装难度、使用便捷度、是否支持历史记录等核心特性，帮助你更快地找到最适合自己的方案。

表 8-1 对比三种交互方式

交互方式	安装复杂度	使用难度	是否支持历史记录	适合场景
终端模式	低	高（需要命令行）	否	开发者、技术人员
Open WebUI	低（图形界面）	低	是	团队协作、长期使用
Chatbox AI	低（图形界面）	低	是	个人快速使用

从表 8-1 可以看出，不同的交互方式适用于不同的需求。

- 如果你希望长期使用，并需要更丰富的功能（如保存聊天记录、团队协作），可选择 Open WebUI。
- 如果你只是想快速与 AI 对话，不希望安装 Docker，使用 Chatbox AI 更合适。
- 如果你习惯使用命令行操作，并希望在轻量化环境中运行 AI，可以直接使用终端模式。

8.1.3 适合本地部署的用户和未来发展趋势

本地部署并非适合所有人。如果你的需求只是偶尔问几个问题，那么云端 API 可能更方便；但如果你有高隐私需求、长时间使用 AI，或希望定制 AI，本地部署将是更好的选择。

适合本地部署的用户如下。

- **数据隐私要求高的机构和企业**，如政府机构、医疗企业、金融企业等。
- **高频次使用 AI 的个人或团队**，如客服、开发者、研究员等。
- **需要 AI 访问私有数据库**，如访问企业内部文档、科研论文等。

随着 AI 计算优化技术的进步，未来本地 AI 部署的门槛将进一步降低，使更多人能够拥有真正属于自己的 AI 助手。

8.2　调用 DeepSeek API 实现自动化工作

在上一节中，我们探讨了如何在本地部署并配置 DeepSeek 模型，也谈到了使用本地模型具有保护隐私、不需要网络环境等优势，但它也有一项很大的劣势是，由于计算机条件的限制，99.99% 的人没有条件配置满血版 671B 参数的 DeepSeek 模型，这使得获得的体验是打了一定的折扣的。

所以，在本节中，我们将聊一聊另一个让我们的体验不打折扣，且更特殊的使用方式——API。API 提供了一种更高级、更自动化的方式，让 AI 无缝融入你的工作流、应用和产品。

如果你希望 AI 不只是作为一个聊天工具，而是能自动化处理任务、嵌入到你的业务系统，甚至成为你自己产品的一部分，那么 API 调用将是你必须掌握的技能。

8.2.1　什么是 API？它如何工作

1. API 的基本概念

API（application programming interface，应用程序接口）可以理解为应用程序之间的“桥梁”，它允许不同的软件或系统相互通信。示例如下。

- **当你在天气 App 中查看天气时**，它实际上是通过 API 调用天气服务提供商的数据。
- **当你使用第三方支付（如微信、支付宝）在某个网站付款时**，这个网站实际上是通过 API 连接了支付服务商的系统。
- **当你在 AI 生成图片的网站中输入文字描述，AI 生成一张图片时**，这个网站实际上是调用了 AI 的 API，让服务器上的模型生成图片。

API 本质上就是一组标准化的规则，它允许你向某个系统发送请求，然后系统返回你想要的数据或结果。

2. API 调用的基本流程

使用 API 进行 AI 交互，大致流程如下。

(1) **获取 API Key**（密钥）：API 需要身份验证，你必须先申请一个唯一的 API Key 作为你的身份凭证。

(2) **发送请求**：你用代码（如 Python、JavaScript）向 DeepSeek R1 服务器发送一个 HTTP 请求，并附上你的 API Key。

(3) **服务器处理请求**：DeepSeek R1 的云端模型会接收请求，运行 AI 计算，生成回答。

(4) **返回结果**：服务器将 AI 生成的文本返回给你，你可以在应用中展示它，或者进一步处理数据。

下面是一个最简单的 API 调用示例（Python 代码）。该示例展示的是 DeepSeek 官方提供的 API 调用方式。如果你选择硅基流动、火山方舟、阿里云等其他云服务厂商提供的 DeepSeek R1 API，实际调用的 url、模型名称等细节会存在些许差异。

```
import requests
import json

url = "https://api.deepseek.com/chat/completions"

payload = json.dumps({
    "messages": [
        {
            "content": "You are a helpful assistant",
            "role": "system"
        },
        {
            "content": "Hi",
            "role": "user"
        }
    ],
    "model": "deepseek-reasoner",
    "frequency_penalty": 0,
    "max_tokens": 2048,
    "presence_penalty": 0,
    "response_format": {
        "type": "text"
    },
    "stop": None,
    "stream": False,
    "stream_options": None,
    "temperature": 1,
    "top_p": 1,
    "tools": None,
    "tool_choice": "none",
    "logprobs": False,
    "top_logprobs": None
})

headers = {
    'Content-Type': 'application/json',
    'Accept': 'application/json',
    'Authorization': 'Bearer <TOKEN>'
}
```

```
response = requests.request("POST", url, headers=headers,
data=payload)

print(response.text)
```

运行这段代码后，DeepSeek R1 会返回类似这样的响应：

```
{
    "id": "chatcmpl-123",
    "object": "chat.completion",
    "created": 1708000000,
    "model": "deepseek-r1",
    "choices": [
        {
            "index": 0,
            "message": {"role": "assistant", "content":
"DeepSeek R1 是一款先进的推理型 AI 模型，支持 API 调用……"},
            "finish_reason": "stop"
        }
    ],
    "usage": {"prompt_tokens": 20, "completion_tokens": 50,
"total_tokens": 70}
}
```

这就是 API 的基本工作流程。你可以把 API 想象成 AI 的远程控制器，你向它发出指令，它给你返回答案。

8.2.2 API 使用场景：让 AI 融入你的工作流

调用 API 的最大优势是自动化，它可以帮你在后台处理任务，而不需要手动与 AI 互动。以下是 DeepSeek API 最常见的几个应用场景。

- **智能客服系统**：许多企业已经在使用 AI 作为自动客服，当用户在网站上咨询时，API 可以让 AI 自动回复常见问题，甚至生成智能工单。

- **自动写作与内容创作：** 如果你需要批量生成文章、广告文案、社交媒体内容，可以使用 API 自动化处理。
- **代码生成与编程助手：** 如果你是一名开发者，你可以用 API 让 AI 自动写代码、修复错误、优化算法。
- **语言翻译与文本处理：** DeepSeek R1 可以通过 API 快速翻译长文本，或者进行摘要和关键词提取。

8.2.3　如何获取 API key 并调用 API

如果你想使用 DeepSeek R1 API，需要完成以下操作。

(1) 访问 DeepSeek 开放平台，并适当充值（最少 1 元），如图 8-5 所示。

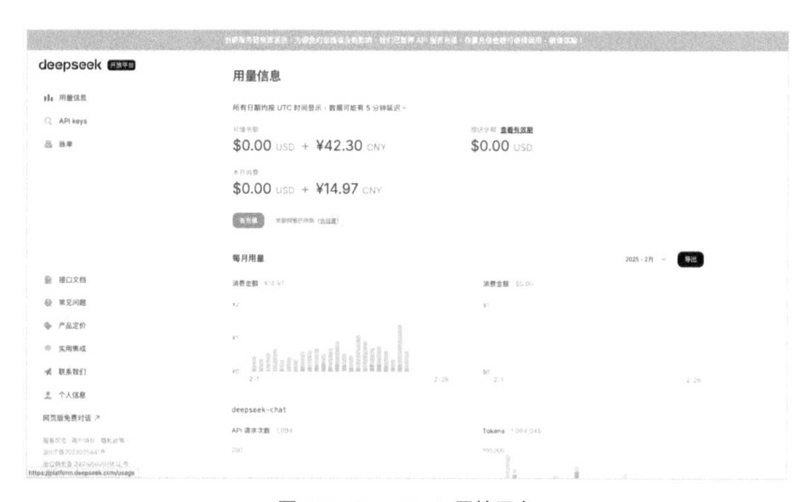

图 8-5　DeepSeek 开放平台

(2) 创建 API key，输入名称并确认，如图 8-6 所示。

注意：请将此 API key 保存在安全且易于访问的地方。出于安全原因，你将无法通过 API keys 管理界面再次查看你在 DeepSeek 官方平台申请的 API key。如果你丢失了这个 key，将需要重新创建。

图 8-6 创建 API key

(3) 在代码中添加 API key，然后调用 API。

因为 DeepSeek 是个开源模型，所以除了 DeepSeek 官方提供的 API 之外，实际上还有字节跳动的火山引擎、阿里云、腾讯云、硅基流动等不同的 API 平台提供相应的 DeepSeek API 调用服务，他们的免费额度和计费方式不同，建议根据需求选择。

8.2.4 如何优化 API 调用，降低成本

API 的调用通常按 token 数量计费，所以如果你频繁调用，可能会消耗大量费用。下面是一些优化策略。

- **控制 token 数量**：减少不必要的消耗，提高调用效率。
  - 限制 max_tokens 参数，避免 AI 生成过长的内容。
  - 精简你的提问，避免冗余信息。
- **缓存常见问题**：如果你的 AI 需要处理重复性问题，比如 FAQ，可以缓存 AI 生成的答案，避免重复调用。

8.2.5 API 的未来与发展趋势

随着 AI 技术的进步，API 变得越来越强大，我们可以预见未来：

- AI API 会**更便宜**、**更快**，成本降低，普及度更高；
- 更多**企业和个人开发者**会将 AI API 嵌入到产品中，形成更智能的应用；
- **本地 AI API 部署**会越来越普及，让企业和个人拥有自己的 AI，而不再依赖云端。

如果你想让 AI 成为你的全自动助手，学习使用 API 绝对是非常重要的一步。